全国高等农林院校"十二五"规划教材

概率论学习指导

刘金山　赵立新　主编

中国农业出版社

内容提要

　　本书根据非数学类专业概率论知识基本要求编写，其内容与一般非数学类专业概率论课程教学内容一致。因此，不管读者使用什么样的非数学类专业《概率论》或《概率论与数理统计》教材，都可使用本书。

　　本书的目的是为工科、经济、管理和农林类等专业大学生学习概率论课程提供一些辅导，以帮助他们减轻学习负担。

　　本书与刘金山主编的《概率论》教材配套，该教材作为全国高等农林院校"十二五"规划教材，已于2011年8月在中国农业出版社出版。本书内容包括随机事件及其概率、一维随机变量及其分布、多维随机变量及其分布、随机变量的数字特征、极限定理五章内容，各章由基本要求、知识要点、典型例题、疑难解析、习题选解、自测题及其参考答案七个部分组成。

编写人员名单

主　编　刘金山　赵立新

副主编　肖　莉

参　编　郑国庆　李泽华　杨志程

前　言

　　本书根据非数学类专业概率论知识基本要求编写，其内容与一般非数学类专业概率论课程教学内容一致。因此，不管读者使用什么样的非数学类专业《概率论》或《概率论与数理统计》教材，都能使用本书。

　　本书的编写目的是为高等学校、中等专业学校及各类职业技术学校的工科、经济、管理和农林类各专业的在校大学生学习概率论课程提供一些辅导，以帮助他们减轻学习负担。

　　概率论课程有着与其他数学类课程不同的特点，在很多场合下，求解概率论问题非常类似于分析解决来自实际问题的数学模型，初学者往往对概念的理解、方法的掌握和应用感到困难，特别是在把所学概念和方法应用到各种具体问题上时感到难以下手，因此，迫切需要得到一些有益的指导和帮助。本书就是为了解决这些问题而编写的。

　　本书内容的编排与刘金山主编的《概率论》教材配套，该教材作为全国高等农林院校"十二五"规划教材，已于 2011 年 8 月在中国农业出版社出版。本书内容包括：第 1 章：随机事件及其概率；第 2 章：一维随机变量及其分布；第 3 章：多维随机变量及其分布；第 4 章：随机变量的数字特征；第 5 章：极限定理。各章由以下七个部分组成：

　　1. 基本要求　提出对相应章节基本概念、基本内容和方法的学习要求。

　　2. 知识要点　对相应章节基本内容的知识要点的归纳和总结，包括基本定义、定理、公式、法则和结论等。

3. 典型例题 精选了一些有代表性的典型例题，通过对典型例题的解题分析，使学生学习掌握概率论中各类问题的解题方法和技巧，以期起到举一反三、触类旁通的作用。

4. 疑难解析 对概率论中容易混淆的一些概念及部分复杂的习题进行分析。

5. 习题选解 选择刘金山主编的《概率论》教材中相应章节的一些典型习题，特别是有一定难度的习题进行解答。

6. 自测题 相当于模拟考试或测验题。通过这些自测题，学生可检验自己对《概率论》主要内容和方法的学习掌握情况。

7. 自测题参考答案 给出每个自测题的答案或题解。因为解题方法未必唯一，因此所给解法未必是最好的，仅供参考。

本书第1、2、3、4、5章初稿分别由李泽华、肖莉、郑国庆、杨志程、赵立新执笔，刘金山和赵立新负责全书的统稿和定稿。由于编者水平有限，书中难免有疏漏和错误，希望读者给予指正，以便做进一步修改。

编　者

2014 年 1 月

目　　录

第1章 随机事件及其概率

本章是概率论的第1章，是后续各章节学习的基础．主要介绍随机事件及其关系与运算、概率的定义及其计算等相关内容．重点内容主要包括事件、概率和独立性三个概念．难点内容主要有：（1）随机事件之间关系的一些基本概念，包括互斥、对立和独立等．（2）事件概率的计算，包括古典概率、几何概率、全概率公式和贝叶斯公式等．

一、基本要求

1. 了解随机现象与随机试验、样本空间的概念，理解随机事件的概念，掌握事件之间的关系与运算．

2. 了解事件频率的概念及概率的统计定义，理解概率的公理化定义及概率的基本性质，会应用乘法原理、排列、组合等方法计算古典概型下的一些简单事件的概率，理解几何概率．

3. 理解条件概率的概念，会应用乘法公式、全概率公式、贝叶斯（Bayes）公式解决基本的概率计算问题．

4. 理解事件的独立性概念．

二、知识要点

1. 常见的排列组合公式

(1) $A_n^m = n \times (n-1) \times \cdots \times (n-m+1) = \dfrac{n!}{(n-m)!}$;

(2) $C_n^m = \dfrac{A_n^m}{m!} = \dfrac{n \times (n-1) \times \cdots \times (n-m+1)}{m!} = \dfrac{n!}{m!(n-m)!}$;

(3) $C_n^m = C_n^{n-m}$;

(4) $C_n^m + C_n^{m-1} = C_{n+1}^m$;

(5) $\displaystyle\sum_{k=0}^{m} C_{n_1}^k C_{n_2}^{m-k} = C_{n_1+n_2}^m$;

(6) $C_n^0 + C_n^1 + \cdots + C_n^n = 2^n$.

2. 事件的基本概念与运算

（1）**随机现象**：在相同的条件下，每次出现的结果未必相同的现象称为随机现象.

（2）**随机试验**：在相同的条件下可以重复进行，且每次试验结果事先不可预知，但所有可能的试验结果事先知道，这样的试验称为随机试验.

（3）**样本空间**：随机试验所有可能的试验结果组成的集合称为该试验的样本空间，记为 $\Omega = \{\omega\}$，其中 ω 表示基本结果，又称为样本点.

（4）**随机事件**：样本空间的任意一个子集称为一个随机事件，简称为事件. 常用大写字母 A，B，C，$\cdots$ 表示事件，Ω 表示必然事件，$\varnothing$ 表示不可能事件.

（5）**事件的关系与运算**：

包含关系 若事件 A 发生必然导致事件 B 发生，则称事件 B 包含事件 A 或称 A 是 B 的子事件，记为 $B \supseteq A$ 或者 $A \subseteq B$.

相等关系 若 $A \subseteq B$ 且 $B \subseteq A$，则称事件 A 与事件 B 相等，记作 $A = B$.

事件的和 对两个事件 A 和 B，$C = \{A$ 发生或 B 发生$\}$ 称为事件 A 与事件 B 的和事件或并事件，记为 $C = A \cup B$. 事件 $A \cup B$ 发生意味着事件 A 与事件 B 至少有一个发生. 事件的和可以推广到有限个或可数多个事件的情形.

事件的积 对两个事件 A 和 B，$C = \{A$ 和 B 都发生$\}$ 称为事件 A 与事件 B 的积事件或交事件，记为 $C = A \cap B$（或 $C = AB$）. 事件 $A \cap B$（或 AB）发生意味着事件 A 发生且事件 B 也发生，即 A 与 B 同时发生. 事件的积也可以推广到有限个或可列个事件的情形.

事件的差 对两个事件 A 和 B，$C = \{A$ 发生，B 不发生$\}$ 称为事件 A 与事件 B 的差事件，记为 $C = A \setminus B$. 即事件 A 发生而事件 B 不发生的事件.

互斥事件(互不相容事件) 若事件 A 与事件 B 不能同时发生，即 $AB = \varnothing$，则称事件 A 与事件 B 是互斥的，或称它们是互不相容的.

对立事件(互逆事件) A 不发生的事件称为事件 A 的对立事件或 A 的补事件，记为 $\overline{A}$. A 和 $\overline{A}$ 满足：$A \cup \overline{A} = \Omega$，$A\overline{A} = \varnothing$，$\overline{\overline{A}} = A$.

（6）**事件运算的性质**：

设 A、B、C 为事件，则有

交换律 $A \cup B = B \cup A$；$AB = BA$.

结合律 $(A \cup B) \cup C = A \cup (B \cup C)$；$(AB)C = A(BC)$.

分配律 $(A \cup B)C = (AC) \cup (BC)$；$(AB) \cup C = (A \cup C)(B \cup C)$.

对偶律(德·摩根律) $\overline{A \cup B} = \overline{A} \cap \overline{B}$，$\overline{A \cap B} = \overline{A} \cup \overline{B}$.

对于多个事件，上述运算规律仍然成立，例如，

$$A(A_1 \bigcup A_2 \bigcup \cdots \bigcup A_n) = (AA_1) \bigcup (AA_2) \bigcup \cdots \bigcup (AA_n);$$

$$\overline{\bigcup_{k=1}^{n} A_k} = \bigcap_{k=1}^{n} \overline{A}_k,$$

即 "A_1，A_2，$\cdots$，A_n 至少有一个发生" 的对立事件是 "A_1，A_2，$\cdots$，A_n 都不发生"；

$$\overline{\bigcap_{k=1}^{n} A_k} = \bigcup_{k=1}^{n} \overline{A}_k,$$

即 "A_1，A_2，$\cdots$，A_n 都发生" 的对立事件是 "A_1，A_2，$\cdots$，A_n 至少有一个不发生".

注：由于随机事件是样本空间的子集，故事件的关系、运算及其运算律，与集合的关系、运算及其运算律相似，可以完全"迁移".

3. 有关概率的定义、性质与计算

（1）**事件的频率**：在相同条件下，重复进行 n 次试验，事件 A 发生的次数 n_A 称为事件 A 发生的频数，比值 $\dfrac{n_A}{n}$ 称为事件 A 发生的频率，记为 $f_n(A)$.

（2）**概率的统计定义**：在相同条件下，独立进行 n 次试验，当试验次数 n 很大时，如果某事件 A 发生的频率 $f_n(A)$ 稳定地在 $[0,1]$ 上的某一数值 p 附近摆动，且随着试验次数的增大，摆动的幅度越来越小，则称数值 p 为事件 A 发生的概率，记为 $P(A) = p$.

注：根据概率的统计定义，实际中的频率一般可理解为概率的近似或估计.

（3）**古典概型**：若一个随机试验的样本空间只有有限个样本点，且每个样本点出现的可能性相等（称为等可能性），则称该概率模型为古典概型.

若样本空间含有 n 个样本点，事件 A 含有 k 个样本点，则事件 A 的概率定义为

$$P(A) = \frac{\text{事件 } A \text{ 包含的基本事件数}}{\text{样本空间 } \Omega \text{ 包含的基本事件数}} = \frac{k}{n}.$$

（4）**几何概型**：如果一个随机试验的样本空间 Ω 充满某个几何区域，其度量（长度、面积或体积等）大小可用 $\mu(\Omega)$ 表示，且任意一点落在度量相同的子区域内是等可能的，若事件 A 为 Ω 中的某个子区域，且其度量为 $\mu(A)$，则事件 A 的概率为

$$P(A) = \frac{\mu(A)}{\mu(\Omega)}.$$

（5）**概率的公理化定义**：设随机试验 E 的样本空间为 Ω，对每一个事件 $A \subseteq \Omega$，定义一个实数 $P(A)$ 与之对应，称集合函数 $P(A)$ 为事件 A 的概率，如

果它满足下列三条公理：

公理一（非负性）：对任意事件 A，有 $P(A) \geqslant 0$；

公理二（规范性）：对必然事件 Ω，有 $P(\Omega)=1$；

公理三（可列可加性或称完全可加性）：对任意可数个两两互斥的事件 A_1，A_2，$\cdots$，A_n，$\cdots$，有 $P\left(\bigcup\limits_{i=1}^{\infty} A_i\right) = \sum\limits_{i=1}^{\infty} P(A_i)$.

（6）**概率的性质**：

① $P(\varnothing)=0$；

② 有限可加性：若 A_1，A_2，$\cdots$，A_n 两两互不相容，即 $A_i A_j = \varnothing (i \neq j)$，则 $P\left(\bigcup\limits_{i=1}^{n} A_i\right) = \sum\limits_{i=1}^{n} P(A_i)$.

特别地，若 $AB = \varnothing$，则 $P(A \cup B) = P(A) + P(B)$.

③ 对任意事件 A，$P(\bar{A}) = 1 - P(A)$.

④ 对任意事件 A，B，$P(A \setminus B) = P(A\bar{B}) = P(A) - P(AB)$.

特别地，若 $B \subseteq A$，则 $P(A \setminus B) = P(A) - P(B)$.

⑤ 对任意事件 A，$0 \leqslant P(A) \leqslant 1$.

⑥ 加法公式：对任意事件 A，B，
$$P(A \cup B) = P(A) + P(B) - P(AB).$$

特别地，若 A 与 B 互斥，则 $P(A \cup B) = P(A) + P(B)$.

该性质可以推广到多个事件. 设 A_1，A_2，$\cdots$，A_n 是任意 n 个事件，则
$$P(A_1 \cup A_2 \cup \cdots \cup A_n) = \sum_{i=1}^{n} P(A_i) - \sum_{1 \leqslant i < j \leqslant n} P(A_i A_j) +$$
$$\sum_{1 \leqslant i < j < k \leqslant n} P(A_i A_j A_k) + \cdots + (-1)^{n+1} P(A_1 A_2 \cdots A_n).$$

特别地，
$$P(A \cup B \cup C) = P(A) + P(B) + P(C) - P(AB) - P(AC) - P(BC) + P(ABC).$$

（7）**条件概率的定义**：设 A，B 是两个事件，且 $P(B) > 0$，则事件 B 发生的条件下事件 A 发生的条件概率为
$$P(A|B) = \frac{P(AB)}{P(B)}.$$

（8）**条件概率的性质**：条件概率符合概率定义中的三条公理，即

① 对于每一个事件 A，有 $P(A|B) \geqslant 0$；

② $P(\Omega|B) = 1$；

③ 若 A_1，A_2，$\cdots$ 是可数个两两互斥事件，则

$$P\Big(\bigcup_{i=1}^{\infty}A_i\,\big|\,B\Big)=\sum_{i=1}^{\infty}P(A_i\,|\,B).$$

　　由于条件概率满足概率的公理化定义中的三个条件，故它也是概率，因此它具有与无条件概率完全类似的性质，如 $P(A\,|\,B)=1-P(\overline{A}\,|\,B)$.

　　（9）**条件概率的计算方法**：计算条件概率通常有如下两种方法：

　　① 在原样本空间 Ω 中，先计算 $P(AB)$，$P(B)$，再按公式 $P(A\,|\,B)=\dfrac{P(AB)}{P(B)}$ 计算条件概率；

　　② 由于事件 B 已经出现，可以将其视为新的样本空间，并在该样本空间下计算事件 A 发生的概率 $P(A\,|\,B)$.

　　（10）**乘法公式**：设 A，B 为两个事件，且 $P(A)>0$，$P(B)>0$，由条件概率的定义可得概率的乘法公式

$$P(AB)=P(A)P(B\,|\,A)=P(B)P(A\,|\,B).$$

　　该乘法公式可以推广到多个事件的情形：若 $n\geqslant 2$ 且 $P(A_1A_2\cdots A_{n-1})>0$，则

$$P(A_1A_2\cdots A_n)=P(A_1)\cdot\frac{P(A_1A_2)}{P(A_1)}\cdot\frac{P(A_1A_2A_3)}{P(A_1A_2)}\cdot\cdots\cdot\frac{P(A_1A_2\cdots A_n)}{P(A_1A_2\cdots A_{n-1})}$$
$$=P(A_1)P(A_2\,|\,A_1)P(A_3\,|\,A_1A_2)\cdots P(A_n\,|\,A_1\cdots A_{n-1}).$$

　　（11）**完备事件组的概念**：设 Ω 是随机试验 E 的样本空间，A_1，A_2，$\cdots$，A_n 是 E 的一组事件．若满足下列条件：

　　① 两两互斥，即 $A_iA_j=\varnothing$，$i\neq j$，i，$j=1$，2，$\cdots$，n；

　　② $A_1\cup A_2\cup\cdots\cup A_n=\Omega$，

则称 A_1，A_2，$\cdots$，A_n 为样本空间 Ω 的一个划分，也称 A_1，A_2，$\cdots$，A_n 构成一个完备事件组．

　　（12）**全概率公式**：设 B 是随机试验 E 的任意一个事件，A_1，A_2，$\cdots$，A_n 是 E 的一个完备事件组，则

$$P(B)=\sum_{i=1}^{n}P(A_iB)=\sum_{i=1}^{n}P(A_i)P(B\,|\,A_i).$$

　　（13）**贝叶斯公式**：设 A_1，A_2，$\cdots$，A_n 为试验 E 的样本空间 Ω 的一个划分，且 $P(A_i)>0(i=1$，2，$\cdots$，$n)$，B 为一个事件，且 $P(B)>0$，则有

$$P(A_i\,|\,B)=\frac{P(A_iB)}{P(B)}=\frac{P(A_i)P(B\,|\,A_i)}{\displaystyle\sum_{j=1}^{n}P(A_j)P(B\,|\,A_j)}.$$

4. 事件的独立性

　　（1）**两个事件的独立性**：

定义 1　若两个事件 A，B 满足 $P(A)=P(A|B)$，则称 A 与 B 独立，或称 A，B 相互独立.

定义 2　若两个事件 A，B 满足 $P(AB)=P(A)P(B)$，则称 A 与 B 独立，或称 A，B 相互独立.

定义 1 从互不影响的角度出发表述事件的独立性概念，易于直观理解，但不便于推广应用. 定义 2 以严密的数学形式刻画了独立性概念，不仅应用方便，且可将两个事件的独立性概念推广到多个事件的独立性.

(2) **多个事件的独立性**：

① 两两独立：

若事件 A，B，C 满足：

$$\begin{cases} P(AB)=P(A)P(B), \\ P(BC)=P(B)P(C), \\ P(AC)=P(A)P(C), \end{cases}$$

则称事件 A，B，C 两两独立.

② 三个事件相互独立：

若事件 A，B，C 满足：

$$\begin{cases} P(AB)=P(A)P(B), \\ P(BC)=P(B)P(C), \\ P(AC)=P(A)P(C), \\ P(ABC)=P(A)P(B)P(C), \end{cases}$$

则称事件 A，B，C 相互独立.

③ 多个事件的独立性：

若事件 A_1，A_2，$\cdots$，A_n 满足：

$$\begin{cases} P(A_iA_j)=P(A_i)P(A_j)，\ \forall i\neq j, \\ P(A_iA_jA_k)=P(A_i)P(A_j)P(A_k)，\ \forall i\neq j\neq k, \\ \cdots\cdots\cdots\cdots\cdots\cdots\cdots\cdots\cdots\cdots \\ P(A_1A_2\cdots A_n)=P(A_1)P(A_2)\cdots P(A_n), \end{cases}$$

则称这 n 个事件 A_1，A_2，$\cdots$，A_n 相互独立.

(3) **有关结论**：

① 必然事件 Ω 和不可能事件 $\varnothing$ 与任何事件都相互独立.

② 事件的独立性与事件互斥是两个不同的概念，它们之间没有必然联系.

③ 多个事件相互独立一定是两两独立的，但两两独立未必相互独立.

④ 两个事件独立与两个事件对立也是不同的概念. 两个事件对立是指它们互为逆事件，但它们不一定独立；反之，两个相互独立的事件不一定是对立

事件．

⑤ 若四对事件 A 与 B，$\overline{A}$ 与 B，A 与 $\overline{B}$，$\overline{A}$ 与 $\overline{B}$ 中有一对相互独立，则另外三对也相互独立．

⑥ 若事件 A_1，A_2，$\cdots$，A_n 相互独立，则其中任意 $k\,(2 \leqslant k \leqslant n)$ 个事件也相互独立．

⑦ 若事件 A_1，A_2，$\cdots$，A_n 相互独立，则将 A_1，A_2，$\cdots$，A_n 中任意多个事件换成它们各自的对立事件，所得的 n 个事件仍相互独立．

三、典型例题

例 1.1　设 A，B，C 为三个事件，试表示下列事件：

(1) A，B，C 都发生或都不发生；

(2) A，B，C 中不多于一个发生；

(3) A，B，C 中不多于两个发生；

(4) A，B，C 中至少有两个发生．

解　(1) $ABC \cup \overline{A}\,\overline{B}\,\overline{C}$；

(2) $\overline{A}\,\overline{B}\,\overline{C} \cup A\overline{B}\,\overline{C} \cup \overline{A}B\overline{C} \cup \overline{A}\,\overline{B}C$；

(3) $\Omega \setminus ABC = \overline{ABC} = \overline{A} \cup \overline{B} \cup \overline{C}$；

(4) $AB \cup AC \cup BC$．

例 1.2　试问下列命题是否成立？

(1) $A \setminus (B \setminus C) = (A \setminus B) \cup C$．

(2) 若 $AB = \varnothing$ 且 $C \subseteq A$，则 $BC = \varnothing$．

(3) $(A \cup B) \setminus B = A$．

(4) $(A \setminus B) \cup B = A$．

解　(2) 成立．理由是：互不相容两个事件的子事件当然也互不相容．

(1)、(3)、(4) 不成立．为了说明理由，我们利用事件差的一个性质：$A \setminus B = A\overline{B}$ 来简化事件．

对 (1) 的左端，有

$$A \setminus (B \setminus C) = A \setminus B\overline{C} = A\,\overline{B\overline{C}} = A(\overline{B} \cup C) = A\overline{B} \cup AC$$
$$= (A \setminus B) \cup AC \neq (A \setminus B) \cup C,$$

故 (1) 不成立．

对 (3) 的左端，有 $(A \cup B) \setminus B = (A \cup B)\overline{B} = A\overline{B} \neq A$，故 (3) 不成立．

对 (4) 的左端，有 $(A \setminus B) \cup B = A\overline{B} \cup B = (A \cup B) \cap (\overline{B} \cup B) = A \cup B \neq A$，故 (4) 不成立．

例 1.3 设 A，B，C 是三个随机事件，则以下命题中正确的是(　　).

A.$(A \cup B) \setminus B = A \setminus B$;　　　　　　B.$(A \setminus B) \cup B = A$;

C.$(A \cup B) \setminus C = A \cup (B \setminus C)$;　　　　D.$A \setminus (B \setminus C) = (A \setminus B) \cup C$.

解 A 正确，因为 $(A \cup B) \setminus B = (A \cup B) \cap \overline{B} = A\overline{B} \cup B\overline{B} = A\overline{B} \cup \varnothing = A\overline{B} = A \setminus B$.

B 不正确，因为 $(A \setminus B) \cup B = (A \cap \overline{B}) \cup B = (A \cup B) \cap \Omega = A \cup B \neq A$.

C 不正确，因为左边 $= (A \cup B) \cap \overline{C} = A\overline{C} \cup B\overline{C}$，右边 $= A \cup B\overline{C}$，二者一般不相等.

D 不正确，因为左边 $= A \cap \overline{B \cap \overline{C}} = A \cap (\overline{B} \cup C) = A\overline{B} \cup AC$，右边 $= A\overline{B} \cup C$，二者一般不相等.

例 1.4 设 A，B 是两个事件，已知 $P(A) = 0.7$，$P(A \setminus B) = 0.3$，求 $P(\overline{AB})$.

解 由 $P(A \setminus B) = P(A) - P(AB)$，得 $P(AB) = 0.4$，因此，
$$P(\overline{AB}) = 1 - P(AB) = 0.6.$$

例 1.5 设 A，B，C 满足
$$P(A) = P(B) = P(C) = \frac{1}{4}, \quad P(AB) = P(BC) = 0, \quad P(AC) = \frac{1}{8},$$
求 A，B，C 至少有一个发生的概率.

解 由于 $ABC \subseteq AB$，故 $P(ABC) \leqslant P(AB) = 0$，所以 $P(ABC) = 0$，因此 A，B，C 至少发生一个的概率为
$$P(A \cup B \cup C) = P(A) + P(B) + P(C) - P(AB) - P(AC) - P(BC) + P(ABC)$$
$$= \frac{1}{4} + \frac{1}{4} + \frac{1}{4} - 0 - \frac{1}{8} - 0 + 0 = \frac{5}{8}.$$

例 1.6 若 $P(A) = 0.5$，$P(B) = 0.3$，$P(A \cup B) = 0.6$，求 $P(\overline{AB})$，$P(A \setminus B)$，$P(\overline{A} \setminus \overline{B})$.

解 由于 $P(A \cup B) = P(A) + P(B) - P(AB)$，得 $P(AB) = 0.2$，故
$$P(\overline{AB}) = 1 - P(AB) = 0.8,$$
$$P(A \setminus B) = P(A) - P(AB) = 0.3,$$
$$P(\overline{A} \setminus \overline{B}) = P(\overline{A} \cap B) = P(B \setminus A) = P(B) - P(BA) = 0.1.$$

例 1.7 设 A，B 是两个事件，且 $P(A) = 0.6$，$P(B) = 0.7$，问：

(1) 在什么条件下，$P(AB)$ 取得最大值，最大值是多少?

(2) 在什么条件下，$P(AB)$ 取得最小值，最小值是多少?

解 (1) 因为 $P(AB) \leqslant P(A) = 0.6$，$P(AB) \leqslant P(B) = 0.7$，所以当 $P(AB) = P(A)$ 时，$P(AB)$ 最大，而当 $A \subseteq B$ 时，$P(AB) = P(A)$. 故当 $A \subseteq B$

时，$P(AB)$ 取得最大值 0.6.

(2) 因为 $P(AB)=P(A)+P(B)-P(A \cup B) \geqslant P(A)+P(B)-1=0.3$，所以当 $P(A \cup B)=1$ 时，$P(AB)$ 最小，而当 $A \cup B=\Omega$ 时，$P(A \cup B)=1$. 故当 $A \cup B=\Omega$ 时，$P(AB)$ 取得最小值 0.3.

例 1.8 口袋中有 5 个白球，3 个黑球，从中任取 2 个，求取到的 2 个球颜色相同的概率.

解 2 个球颜色相同有两种情况：全是白球或全是黑球. 又因为

$$P(\text{全是白球})=\frac{C_5^2}{C_8^2}, \quad P(\text{全是黑球})=\frac{C_3^2}{C_8^2},$$

所以有

$$P(\text{2 个球颜色相同})=P(\text{全是白球})+P(\text{全是黑球})=\frac{C_5^2+C_3^2}{C_8^2}=\frac{13}{28}.$$

例 1.9 从 n 个数 1，2，$\cdots$，n 中任取 2 个，问其中一个小于 $k(1<k<n)$，另一个大于 k 的概率是多少？

解 从 n 个数中任取 2 个，共有 C_n^2 种等可能的取法. 而其中一个小于 k，另一个大于 k，则相当于将 1，2，$\cdots$，n 分成三组：

第 1 组 $=\{1, 2, \cdots, k-1\}$，第 2 组 $=\{k\}$，第 3 组 $=\{k+1, k+2, \cdots, n\}$，于是所求事件是从第 1 组中任取 1 个且从第 3 组中任取 1 个，共有 $C_{k-1}^1 C_{n-k}^1$ 种取法，故所求的概率为

$$\frac{C_{k-1}^1 C_{n-k}^1}{C_n^2}=\frac{2(k-1)(n-k)}{n(n-1)}.$$

例 1.10 考虑一元二次方程 $x^2+Bx+C=0$，其中 B，C 分别是将一颗骰子接连掷两次先后出现的点数，求该方程有实根的概率 p 和有重根的概率 q.

解 按题意可知 $\Omega=\{(B, C) \mid B, C=1, 2, \cdots, 6\}$，它含有 36 个等可能的样本点，所求的概率为

$$p=P\{B^2-4C \geqslant 0\}=P\{B^2 \geqslant 4C\},$$

而事件 "$B^2 \geqslant 4C$" 含有 19 个样本点如下：

$$\{(2, 1), (3, 1), (4, 1), (5, 1), (6, 1), (3, 2), (4, 2), (5, 2),$$
$$(6, 2), (4, 3), (5, 3), (6, 3), (4, 4), (5, 4), (6, 4), (5, 5),$$
$$(6, 5), (5, 6), (6, 6)\},$$

所以该方程有实根的概率为 $p=\frac{19}{36}$.

同理，$q=P\{B^2=4C\}$，而事件 "$B^2=4C$" 含有两个样本点 $\{(2, 1), (4, 4)\}$，所以该方程有重根的概率为 $q=\frac{2}{36}=\frac{1}{18}$.

例 1.11 8 件产品中有 5 件正品与 3 件次品,现从中任取 4 次,每次取 1 件.

(1) 若采取"不放回抽样"的方式,求"恰好取出 2 件正品"的概率;

(2) 若采取"有放回抽样"的方式,求"恰好取出 2 件正品"的概率.

解 (1) 若采取"不放回抽样"的方式,取出的 4 件产品互不相同,这时基本事件总数为 C_8^4,待求概率事件包含的基本事件总数为 $C_5^2 C_3^2$,即从 5 个正品中任取 2 件正品,从 3 件次品中任取 2 件次品.故"恰好取出 2 件正品"的概率是

$$\frac{C_5^2 C_3^2}{C_8^4} = \frac{3}{7}.$$

(2) 若采取"有放回抽样"的方式,取出的 4 件产品可以相同,这时基本事件总数为 $8 \cdot 8 \cdot 8 \cdot 8 = 8^4$,待求概率事件包含的基本事件总数为 $C_4^2 \cdot 5 \cdot 5 \cdot 3 \cdot 3$,即先从 4 个位置中任取 2 个位置,设想这 2 个位置放 2 件正品,其余位置放次品,然后分别从 5 个正品和 3 个次品中取出合适的球放到相应位置.故"恰好取出 2 件正品"的概率是

$$\frac{C_4^2 \cdot 5 \cdot 5 \cdot 3 \cdot 3}{8^4} = \frac{675}{2048}.$$

例 1.12 (1) 将 n 个人随意地分配到 N 个房间里,每间房可以容纳多人,求没有任何两人被分配到同一个房间的概率($n \leqslant N$).

(2) 求 40 个人中没有任何两个人生日相同的概率(生日相同指出生的月、日相同).

解 (1) 每个人都可能有 N 种分配结果,故由乘法原理,基本事件总数为 N^n,待求概率事件包含的基本事件总数为 A_N^n,即先从 N 个房间里任选 n 个房间,再将 n 个人随意排列到选出的这 n 个房间里,一人一房,故所求的概率为 $\dfrac{A_N^n}{N^n}$.

(2) 由于对这 40 个人的生日状况一无所知,只能认为每个人都可能在一年 365 天里任何一天过生日.因此,问题就相当于第(1)小题中 $n = 40$,$N = 365$ 的情形,即 40 个人中没有任何两个人生日相同的概率是 $\dfrac{A_{365}^{40}}{365^{40}} \approx 10.9\%$.

例 1.13 有 n 双相异的鞋,共 $2n$ 只,随机地分成 n 堆,求各堆鞋都自成一双的概率.

解 $2n$ 只鞋随机地分成 n 堆,相当于这 $2n$ 只鞋无放回地抽取 n 次,每次抽取 2 只,所有可能结果的种数为 $C_{2n}^2 C_{2n-2}^2 \cdots C_4^2 C_2^2$,它们是等可能发生的.各堆鞋都自成一双的情形是:每一双的 2 只都被系在一起,不会分开,这就相当

于将这 n 双鞋无放回地抽取 n 次，共有 $n!$ 种选法．故所求的概率为

$$\frac{n!}{C_{2n}^2 C_{2n-2}^2 \cdots C_4^2 C_2^2} = \frac{n!}{\dfrac{2n \cdot (2n-1)}{2} \cdot \dfrac{(2n-2)(2n-3)}{2} \cdot \cdots \cdot \dfrac{4 \times 3}{2} \cdot \dfrac{2 \times 1}{2}}$$

$$= \frac{n!}{[n(n-1) \cdot \cdots \cdot 2 \cdot 1] \cdot [(2n-1)(2n-3) \cdots 3 \cdot 1]}$$

$$= \frac{1}{(2n-1)!!}.$$

例 1.14　从 1～9 这 9 个数中有放回地取 3 次，每次任取 1 个，求所取得的 3 个数之积能被 10 整除的概率．

解　设 $A_1 = \{$所取的 3 个数中含有数字 5$\}$，$A_2 = \{$所取的 3 个数中含有偶数$\}$，$A = \{$所取的 3 个数之积能被 10 整除$\}$，则 $A = A_1 A_2$，故

$$P(A) = P(A_1 A_2) = 1 - P(\overline{A_1 A_2}) = 1 - P(\overline{A_1} \bigcup \overline{A_2})$$

$$= 1 - [P(\overline{A_1}) + P(\overline{A_2}) - P(\overline{A_1} \overline{A_2})]$$

$$= 1 - \left[\left(\frac{8}{9} \right)^3 + \left(\frac{5}{9} \right)^3 - \left(\frac{4}{9} \right)^3 \right]$$

$$\approx 0.214.$$

例 1.15　在区间 $(0，1)$ 中随机地取出两个数，求事件"两数之和小于 $\dfrac{6}{5}$"的概率．

解　这个概率可用几何方法确定．在区间 $(0，1)$ 中随机地取两个数分别记为 x 和 y，则 (x, y) 的可能取值形成正方形区域 $\Omega = \{(x, y) \mid 0 < x < 1, 0 < y < 1\}$，其面积为 $S_\Omega = 1$．而事件 $A = \{$两数之和小于 $\dfrac{6}{5}\}$ 所包含的样本点形成区域

$$\left\{ (x, y) \mid x + y < \frac{6}{5} \right\},$$

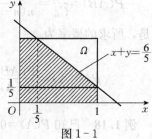

图 1-1

如图 1-1 中的阴影部分所示，所以，由几何概率得

$$P(A) = \frac{S_A}{S_\Omega} = 1 - \frac{1}{2} \left(\frac{4}{5} \right)^2 = \frac{17}{25} = 0.68.$$

例 1.16　甲、乙两艘轮船驶向一个不能同时停泊两艘轮船的码头，它们在一天内到达码头的时间是等可能的．如果甲船的停泊时间是 1h，乙船的停泊时间是 2h，求它们中任何一艘都不需要等候码头空出的概率．

解　这个概率可用几何方法确定．设甲、乙两船到达码头的时刻分别是 x

与 y，时间单位为小时，则 x 与 y 都随机、等可能地落在 $(0,24)$ 内，故 (x,y) 随机、等可能地落在图 1-2 中的大正方形之内．这两艘轮船中任何一艘都不需要等待码头空出，意味着以下两种情况之一发生：

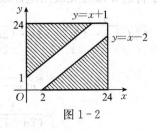

图 1-2

（1）甲先到码头且乙不需要等待甲离开码头，此时有：$x<y$ 且 $y-x>1$．

（2）乙先到码头且甲不需要等待乙离开码头，此时有：$y<x$ 且 $x-y>2$．

因此，任何一艘船都不需要等待码头空出的充要条件是：(x,y) 落在图 1-2 中的阴影部分．由几何概率可得所求概率为

$$\frac{\frac{1}{2}\times(23^2+22^2)}{24^2}=\frac{1013}{1152}\approx0.879.$$

例 1.17 设 n 件产品中有 m 件不合格品，从中任取两件．已知两件中有一件是不合格品，求另一件也是不合格品的概率．

解 记事件 A 为"至少有一件是不合格品"，B 为"两件都是不合格品"．因为

$$P(A)=P(\text{取出一件合格品一件不合格品})+P(\text{取出两件不合格品})$$

$$=\frac{C_m^1 C_{n-m}^1}{C_n^2}+\frac{C_m^2}{C_n^2}=\frac{2m(n-m)+m(m-1)}{n(n-1)},$$

$$P(AB)=\frac{C_m^2}{C_n^2}=\frac{m(m-1)}{n(n-1)},$$

于是，所求的概率为

$$P(B|A)=\frac{P(AB)}{P(A)}=\frac{\dfrac{m(m-1)}{n(n-1)}}{\dfrac{2m(n-m)+m(m-1)}{n(n-1)}}=\frac{m-1}{2n-m-1}.$$

例 1.18 已知 $P(\overline{A})=0.3$，$P(B)=0.4$，$P(A\overline{B})=0.5$，求 $P(B|A\cup\overline{B})$．

解 由条件概率的定义可知

$$P(B|A\cup\overline{B})=\frac{P(AB)}{P(A\cup\overline{B})},$$

其中 　　$P(A\cup\overline{B})=P(A)+P(\overline{B})-P(A\overline{B})=0.7+0.6-0.5=0.8.$

再由 　　　　　　　$P(A\overline{B})=P(A)-P(AB),$

可得 　　　　$P(AB)=P(A)-P(A\overline{B})=0.7-0.5=0.2,$

代回原式可得

$$P(B|A\cup\overline{B})=\frac{P(AB)}{P(A\cup\overline{B})}=\frac{0.2}{0.8}=0.25.$$

例 1.19 口袋中有 1 个白球和 1 个黑球，从中任取 1 个，若取出白球，则停止试验；若取出黑球，则把取出的黑球放回，同时加入 1 个黑球，如此下去，直到取出白球为止，试求下列事件的概率：

(1) 取到第 n 次，试验没有结束；

(2) 取到第 n 次，试验恰好结束；

解 记事件 A_i 为第 i 次取到黑球，$i=1，2，\cdots$.

(1) 所求概率为 $P(A_1A_2\cdots A_n)$，由乘法公式可得

$$P(A_1A_2\cdots A_n)=P(A_1)P(A_2|A_1)\cdots P(A_n|A_1\cdots A_{n-1})$$
$$=\frac{1}{2}\frac{2}{3}\cdots\frac{n}{n+1}=\frac{1}{n+1}.$$

(2) 所求的概率为 $P(A_1A_2\cdots\overline{A}_n)$，用乘法公式得

$$P(A_1A_2\cdots\overline{A}_n)=P(A_1)P(A_2|A_1)\cdots P(\overline{A}_n|A_1\cdots A_{n-1})$$
$$=\frac{1}{2}\frac{2}{3}\cdots\frac{n-1}{n}\frac{1}{n+1}=\frac{1}{n(n+1)}.$$

例 1.20 甲袋中有 a 个黑球、b 个白球，乙袋中有 n 个黑球、m 个白球．从甲袋中任取 2 个球放入乙袋，然后再从乙袋中任取 1 个球，试求最后从乙袋中取出的是黑球的概率．

解 记事件 A 为"从乙袋中取出的是黑球"，事件 B_1，B_2，B_3 分别为从甲袋取出的是两个黑球、一黑一白、两个白球．由全概率公式得

$$P(A)=P(B_1)P(A|B_1)+P(B_2)P(A|B_2)+P(B_3)P(A|B_3)$$
$$=\frac{a(a-1)}{(a+b)(a+b-1)}\frac{n+2}{n+m+2}+\frac{2ab}{(a+b)(a+b-1)}\frac{n+1}{n+m+2}+$$
$$\frac{b(b-1)}{(a+b)(a+b-1)}\frac{n}{n+m+2}.$$

例 1.21 两台车床加工同样的零件，第一台出现不合格品的概率是 0.03，第二台出现不合格品的概率是 0.06，加工出来的零件放在一起，并且已知第一台加工的零件数比第二台加工的零件数多一倍．

(1) 求任取一个零件是合格品的概率；

(2) 如果取出的零件是不合格品，求它是由第二台车床加工的概率．

解 记事件 A 为"取到第一台车床加工的零件"，则 $P(A)=\frac{2}{3}$，又记事件 B 为"取到合格品"．

(1) 由全概率公式得

$$P(B)=P(A)P(B|A)+P(\overline{A})P(B|\overline{A})=\frac{2}{3}\times0.97+\frac{1}{3}\times0.94=0.96.$$

（2）由贝叶斯公式得

$$P(\overline{A}|\overline{B})=\frac{P(\overline{A})P(\overline{B}|\overline{A})}{P(\overline{B})}=\frac{\frac{1}{3}\times0.06}{0.04}=0.5.$$

例 1.22 若三个事件 A，B，C 相互独立，试证：$A\cup B$，AB，$A\setminus B$ 都与 C 相互独立.

证明 由于 A，B，C 相互独立，故 A，B，C 两两相互独立.

(1) $P[(A\cup B)C]=P(AC\cup BC)=P(AC)+P(BC)-P(ABC)$

$=P(A)P(C)+P(B)P(C)-P(A)P(B)P(C)$

$=[P(A)+P(B)-P(AB)]P(C)$

$=P(A\cup B)P(C),$

故 $A\cup B$ 与 C 相互独立.

(2) $P[(AB)C]=P(ABC)=P(A)P(B)P(C)=P(AB)P(C)$，故 AB 与 C 相互独立.

(3) $P[(A\setminus B)C]=P(A\overline{B}C)=P(AC)-P(ABC)$

$=P(A)P(C)-P(A)P(B)P(C)$

$=[P(A)-P(A)P(B)]P(C)$

$=P(A\setminus B)P(C),$

故 $A\setminus B$ 与 C 相互独立.

例 1.23 一小时内甲、乙、丙三台机床需维修的概率分别是 0.9，0.8 和 0.85，求一小时内，

（1）没有一台机床需要维修的概率；

（2）至少有一台机床不需要维修的概率；

（3）至多只有一台机床需要维修的概率.

解 设事件 A，B，C 依次表示甲、乙、丙三台机床需要维修，则由独立性可得

（1）$P(\overline{A}\overline{B}\overline{C})=0.1\times0.2\times0.15=0.003.$

（2）$P(\overline{A}\cup\overline{B}\cup\overline{C})=P(\overline{ABC})=1-P(ABC)=1-P(A)P(B)P(C)$

$=1-0.9\times0.8\times0.85=0.388.$

（3）$P(\overline{A}\overline{B}\cup\overline{B}\overline{C}\cup\overline{A}\overline{C})=P(\overline{A}\overline{B})+P(\overline{B}\overline{C})+P(\overline{A}\overline{C})-2P(\overline{A}\overline{B}\overline{C})$

$=0.1\times0.2+0.2\times0.15+0.1\times0.15-2\times0.003$

$=0.059.$

四、疑难解析

【问题 1.1】　如何区分互斥事件与对立事件？

【答】　事件 A 与事件 B 互斥指的是两者不可能同时发生，而事件 A 与事件 B 对立指的是 A 与 B 不但不能同时发生，还需要满足 A 与 B 的和为必然事件，此时 A 与 B 中只有一个事件发生．即

$$A 与 B 互斥 \Leftrightarrow AB = \varnothing;$$
$$A 与 B 对立 \Leftrightarrow AB = \varnothing 且 A \cup B = \Omega.$$

【问题 1.2】　$P(AB)$ 与 $P(B|A)$ 有何区别？

【答】　$P(AB)$ 表示事件 A 与 B 同时发生的概率，$P(B|A)$ 表示在事件 A 发生的条件下事件 B 发生的条件概率．虽然两种情况下，事件 A 与 B 都发生了，但其发生的概率所考虑的样本空间不同，前者是在整个样本空间 Ω 上来考察事件 A 与 B 同时发生的可能性大小，后者是在缩小了的样本空间 Ω_A（即由事件 A 发生所构成的样本空间）上来考察事件 A 与 B 同时发生的可能性大小，一般而言，$P(B|A) \geqslant P(AB)$．它们的计算方法如下：

$$P(AB) = \frac{AB 包含的基本事件数}{\Omega 包含的基本事件总数};$$

$$P(B|A) \xlongequal{方法一} \frac{事件 B 在 \Omega_A 中所包含的基本事件数}{缩减的样本空间 \Omega_A 中所包含的基本事件数}$$

$$\xlongequal{方法二} \frac{P(AB)}{P(A)}（当 P(A) > 0 时）.$$

【问题 1.3】　全概率公式和贝叶斯公式适用于哪些问题？

【答】　全概率公式适用问题的一般特征是：试验可以分为两个层次，第一层次的所有可能结果构成样本空间的一个划分，它们通常是第二层次事件发生的基础或原因，而需要求概率的事件是第二层次中的事件，找到样本空间的一个划分是运用全概率公式的关键．

贝叶斯公式适用问题的特征与全概率公式相同，只是所求概率问题是全概率公式的逆问题，即已知第二层次中的事件 B 发生了，求它是第一层次中事件 A_j 发生引起的概率，即求条件概率 $P(A_j|B)$．

总之，全概率公式描述的是"由因求果"，而贝叶斯公式描述的是"知果寻因"．

【问题 1.4】　"A 与 B 独立"和"A 与 B 互斥（或互不相容）"有何区别与联系？

【答】　事件 A 与 B 互斥，即 $AB = \varnothing$，描述的是两事件之间的关系，即两

者不能同时发生.

事件 A 与 B 独立是指两个事件的发生与否互不影响对方发生的概率，即事件 A 发生的概率与事件 B 是否发生无关，事件 B 发生的概率与事件 A 是否发生也无关，用公式表示为 $P(A|B)=P(A)$ 或 $P(AB)=P(A)P(B)$.

当 $P(A)>0$，$P(B)>0$ 时，若 A 与 B 独立，则 $P(AB)=P(A)P(B)>0$，故 $AB\neq\varnothing$，即 A 与 B 相容；若 A 与 B 互斥，即 $P(AB)=P(\varnothing)=0$，而 $P(A)P(B)>0$，则 $P(AB)\neq P(A)P(B)$，即 A 与 B 不相互独立.

五、习题选解

1. 一个样本空间有三个样本点，其对应的概率分别为 $2p$，p^2，$4p-1$，求 p 的值.

解 由于样本空间所有的样本点构成一个必然事件，所以
$$2p+p^2+4p-1=1,$$
解之得 $p=-3\pm\sqrt{11}$，又因为一个事件的概率总是大于0，所以 $p=-3+\sqrt{11}$.

2. 已知 $P(A)=0.3$，$P(B)=0.5$，$P(A\cup B)=0.8$，求：(1) $P(AB)$；(2) $P(A\setminus B)$；(3) $P(\overline{AB})$.

解 (1) 由 $P(A\cup B)=P(A)+P(B)-P(AB)$，得
$$P(AB)=P(A)+P(B)-P(A\cup B)=0.3+0.5-0.8=0.$$

(2) $P(A\setminus B)=P(A)-P(AB)=0.3-0=0.3$.

(3) $P(\overline{AB})=P(\overline{A\cup B})=1-P(A\cup B)=1-0.8=0.2$.

3. 一部五卷的文集，按任意次序放到书架上去，试求下列事件的概率：(1) 第一卷出现在旁边；(2) 第一卷及第五卷出现在旁边；(3) 第一卷或第五卷出现在旁边；(4) 第一卷及第五卷都不出现在旁边；(5) 第三卷正好在正中.

解 (1) 第一卷出现在旁边，可能出现在左边或右边，剩下四卷可在剩下四个位置上任意排，故所求概率为
$$p_1=\frac{2\times 4!}{5!}=\frac{2}{5}.$$

(2) 可能有第一卷出现在左边而第五卷出现右边，或者第一卷出现在右边而第五卷出现在左边，剩下三卷可在中间三个位置上任意排，故所求概率为
$$p_2=\frac{2\times 3!}{5!}=\frac{1}{10}.$$

(3) 由加法公式，所求概率为
$$p_3=P\{\{第一卷出现在旁边\}或\{第五卷出现在旁边\}\}$$

$$=P\{第一卷出现在旁边\}+P\{第五卷出现在旁边\}-$$
$$P\{第一卷及第五卷出现在旁边\}$$

$$=\frac{2}{5}+\frac{2}{5}-\frac{1}{10}=\frac{7}{10}.$$

（4）该事件是（3）中事件的对立事件，故所求概率为

$$p_4=1-p_3=1-\frac{7}{10}=\frac{3}{10}.$$

（5）第三卷在正中，则其余四卷在剩下四个位置上可任意排，故所求概率为

$$p_5=\frac{4!}{5!}=\frac{1}{5}.$$

4. 现有两种报警系统 A 和 B，每种系统单独使用时，系统 A 有效的概率为 0.92，系统 B 有效的概率为 0.93，在 A 失灵的条件下，B 有效的概率为 0.85，求：

（1）这两个系统至少有一个有效的概率；

（2）在 B 失灵的条件下，A 有效的概率.

解 设 A 表示"系统 A 有效"，B 表示"系统 B 有效"，则
$$P(A)=0.92,\ P(B)=0.93,\ P(B|\overline{A})=0.85.$$
由 $P(B|\overline{A})=\dfrac{P(B\overline{A})}{P(\overline{A})}=\dfrac{P(B)-P(AB)}{1-P(A)}=0.85$，知 $P(AB)=0.862$.

（1）$P(A\cup B)=P(A)+P(B)-P(AB)=0.92+0.93-0.862=0.988.$

（2）$P(A|\overline{B})=\dfrac{P(A\overline{B})}{P(\overline{B})}=\dfrac{P(A)-P(AB)}{1-P(B)}=\dfrac{0.92-0.862}{1-0.93}\approx0.8286.$

5. 有两个袋子，每个袋子都装有 a 只黑球，b 只白球，从第一个袋子任取一球放入第二个袋子，然后从第二个袋子取出一球，求取得黑球的概率.

解 设"从第一个袋子取出黑球"为事件 A，"从第二个袋子取出黑球"为事件 B，则

$$P(A)=\frac{a}{a+b},\ P(\overline{A})=\frac{b}{a+b},\ P(B|A)=\frac{a+1}{a+b+1},\ P(B|\overline{A})=\frac{a}{a+b+1},$$
由全概率公式知

$$P(B)=P(B|A)P(A)+P(B|\overline{A})P(\overline{A})=\frac{a}{a+b}.$$

6. 甲、乙两部机器制造大量的同一种机器零件，根据长期资料总结，甲、乙机器制造出的零件废品率分别是 0.01 和 0.02. 现有同一机器制造的一批零件，估计这一批零件是乙机器制造的可能性比它们是甲机器制造的可能性大一倍，现从这批零件中任意抽取一件，经检查是废品. 试由此结果计算这批零件

是由甲机器制造的概率.

解 设 A 表示"零件由甲机器制造"，B 表示"零件是次品"，则

$$P(A)=\frac{1}{3}, \ P(\overline{A})=\frac{2}{3}, \ P(B|A)=0.01, \ P(B|\overline{A})=0.02.$$

由贝叶斯公式有

$$P(A|B)=\frac{P(A)P(B|A)}{P(A)P(B|A)+P(\overline{A})P(B|\overline{A})}=\frac{\frac{1}{3}\times 0.01}{\frac{1}{3}\times 0.01+\frac{2}{3}\times 0.02}=0.2.$$

7. 三个人独立地破译一个密码，他们能译出的概率分别是 0.2、1/3、0.25. 求密码被破译的概率.

解 设 A_i，$i=1，2，3$ 分别表示第一、二、三个人破译出密码，则由独立性得所求概率

$$P(A_1\bigcup A_2\bigcup A_3)=1-P(\overline{A_1\bigcup A_2\bigcup A_3})=1-P(\overline{A_1}\,\overline{A_2}\,\overline{A_3})$$

$$=1-P(\overline{A_1})P(\overline{A_2})P(\overline{A_3})$$

$$=1-0.8\times\frac{2}{3}\times 0.75=0.6.$$

8. 甲、乙、丙三人同时对飞机进行射击，三人击中的概率分别为 0.4、0.5、0.7. 飞机被一人击中而被击落的概率为 0.2，被两人击中而被击落的概率为 0.6，若三人都击中，飞机必定被击落，求飞机被击落的概率.

解 设 $C_i(i=1，2，3)$ 依次表示甲、乙、丙击中飞机，$A_i(i=1，2，3)$ 表示有 i 人击中飞机，B 表示飞机被击落，则

$$P(A_1)=P(C_1\overline{C_2}\,\overline{C_3})+P(\overline{C_1}C_2\,\overline{C_3})+P(\overline{C_1}\,\overline{C_2}C_3)$$

$$=0.4\times 0.5\times 0.3+0.6\times 0.5\times 0.3+0.6\times 0.5\times 0.7$$

$$=0.06+0.09+0.21=0.36.$$

$$P(A_2)=P(C_1C_2\overline{C_3})+P(C_1\overline{C_2}C_3)+P(\overline{C_1}C_2C_3)$$

$$=0.4\times 0.5\times 0.3+0.4\times 0.5\times 0.7+0.6\times 0.5\times 0.7$$

$$=0.06+0.14+0.21=0.41.$$

$$P(A_3)=P(C_1C_2C_3)=0.4\times 0.5\times 0.7=0.14.$$

由全概率公式，得

$$P(B)=P(A_1)P(B|A_1)+P(A_2)P(B|A_2)+P(A_3)P(B|A_3)$$

$$=0.36\times 0.2+0.41\times 0.6+0.14\times 1$$

$$=0.458.$$

9. 要验收一批 100 件的物品，从中随机地取出 3 件来测试，设 3 件物品的测试是相互独立的，如果 3 件中有一件不合格，就拒绝接收该批物品. 设一

件不合格的物品经测试查出的概率为 0.95，而一件合格品经测试误认为不合格的概率为 0.01，如果这 100 件物品中有 4 件是不合格的，求这批物品被接收的概率.

解 设 A_i 表示事件"抽到的 3 件物品中有 i 件是不合格品"，$i=0$，1，2，3. B 表示事件"这批物品被接收"，则

$$P(B) = \sum_{i=0}^{3} P(A_i)P(B|A_i)$$

$$= \frac{C_{96}^3}{C_{100}^3} \times 0.99^3 + \frac{C_{96}^2 C_4^1}{C_{100}^3} \times 0.99^2 \times 0.05 +$$

$$\frac{C_{96}^1 C_4^2}{C_{100}^3} \times 0.99 \times 0.05^2 + \frac{C_{96}^0 C_4^3}{C_{100}^3} \times 0.05^3$$

$$\approx 0.8629.$$

10. 设下图的两个系统 KL 和 KR 中各元件通达与否相互独立，且每个元件通达的概率均为 p，分别求系统 KL 与 KR 通达的概率.

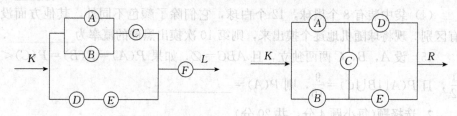

解 设 A'，B' 分别表示系统 KL 与 KR 通达，A，B，C，D，E，F 分别表示元件 A，B，C，D，E，F 通达.

（1）方法一：

$$P(A') = P\{\{[(A \cup B) \cap C] \cup (D \cap E)\} \cap F\}$$

$$= P(ACF \cup BCF \cup DEF)$$

$$= P(ACF) + P(BCF) + P(DEF) - P(ABCF) -$$

$$P(ACDEF) - P(BCDEF) + P(ABCDEF)$$

$$= p^3 + p^3 + p^3 - p^4 - p^5 - p^5 + p^6$$

$$= p^3(3 - p - 2p^2 + p^3).$$

方法二：

$$P(A') = P\{\{[(A \cup B) \cap C] \cup (D \cap E)\} \cap F\}$$

$$= P(F)\{P[(A \cup B) \cap C] + P(DE) - P[(A \cup B)C(D \cap E)]\}$$

$$= p[P(A \cup B)P(C) + P(D)P(E) - P(A \cup B)P(C)P(D)P(E)]$$

$$= p[P(A) + P(B) - P(A)P(B)]p + p^3 -$$

$$p^4[P(A) + P(B) - P(AB)]$$

$$= p^3(3-p-2p^2+p^3).$$

(2) $P(B')=P[\overline{C}(AD\cup BE)\cup(A\cup B)C(D\cup E)]$

$$=P[\overline{C}(AD\cup BE)]+P[(A\cup B)C(D\cup E)]$$

$$=(1-p)(p^2+p^2-p^4)+(p+p-p^2)p(p+p-p^2)$$

$$=p^2(2+2p-5p^2+2p^3).$$

六、自测题

1. 填空题(每小题 4 分，共 20 分)

(1) 已知 $P(A)=0.5$，$P(B)=0.6$，$P(B|A)=0.8$，则 $P(A\cup B)=$ ___.

(2) 设事件 A 与 B 相互独立，且有 $P(AB)=\dfrac{1}{9}$，$P(A\overline{B})=P(\overline{A}B)$，则 $P(\overline{A})=$ _____.

(3) 从 4 双不同的鞋子中任取 2 只，恰好取得一双鞋子的概率是 _____.

(4) 袋中装有 8 个黑球，12 个白球，它们除了颜色不同外，其他方面没有区别.现将球随机地逐个摸出来，则第 10 次摸出黑球的概率为 _____.

(5) 设 A，B，C 两两独立，且 $ABC=\varnothing$.如果 $P(A)=P(B)=P(C)<\dfrac{1}{2}$，且 $P(A\cup B\cup C)=\dfrac{9}{16}$，则 $P(A)=$ _____.

2. 选择题(每小题 4 分，共 20 分)

(1) 设事件 A 与 B 满足 $A\subseteq B$，$P(B)>0$，则以下选项成立的是(　　).

(A) $P(A)<P(A|B)$; 　　(B) $P(A)\leqslant P(A|B)$;

(C) $P(A)>P(A|B)$; 　　(D) $P(A)\geqslant P(A|B)$.

(2) 设事件 A 与 B 互不相容，且 $P(A)>0$，$P(B)>0$，则以下结论正确的是(　　).

(A) $\overline{A}$ 与 $\overline{B}$ 互不相容; 　　(B) $\overline{A}$ 与 $\overline{B}$ 相容;

(C) $P(AB)=P(A)P(B)$; 　　(D) $P(A\setminus B)=P(A)$.

(3) 若 $P(A)=P(B)=P(C)=\dfrac{1}{4}$，$P(AB)=0$，$P(AC)=P(BC)=\dfrac{1}{16}$，$A$，$B$，$C$ 全不发生的概率为(　　).

(A) $\dfrac{27}{64}$; 　　(B) $\dfrac{37}{64}$; 　　(C) $\dfrac{3}{4}$; 　　(D) $\dfrac{3}{8}$.

(4) 若当事件 A 与 B 同时发生时 C 也发生，则(　　).

(A) $P(C)=P(AB)$; 　　(B) $P(C)=P(A\cup B)$;

(C) $P(C)\leqslant P(A)+P(B)-1$; 　　(D) $P(C)\geqslant P(A)+P(B)-1$.

(5) 设 A 与 B 相互独立，$P(A)>0$，$P(B)>0$，则一定有 $P(A \cup B) =$
（　　）．

(A) $1-P(\overline{A})P(\overline{B})$；　　　　(B) $1+P(\overline{A})P(\overline{B})$；

(C) $P(A)+P(B)$；　　　　(D) $1-P(\overline{AB})$．

3. 计算题（每小题 10 分，共 60 分）

(1) 从 1～9 这 9 个数中，无放回地取 3 次，每次任取 1 个，求所取得的 3 个数之积能被 10 整除的概率．

(2) 设 10 个考题中有 4 道难题，3 人参加抽签考试，不重复地抽取，每人一次，甲先、乙次、丙最后，试分别求出 3 个人抽到难题签的概率．

(3) 在正方形 $\{(p, q)\,|-1 \leqslant p \leqslant 1,\ -1 \leqslant q \leqslant 1\}$ 中任意取一点 (p, q)，求方程 $x^2 + px + q = 0$ 有实根的概率．

(4) 两台车床加工同一种零件，第一台车床加工的零件次品率为 3%，第二台的次品率为 2%，加工出来的零件不加区分地放在一起，且已知第一台加工的零件的数量是第二台的两倍．

① 求任取一个零件是合格品的概率；

② 如果取出的一个零件是次品，那么它是第一台机床加工的概率是多少？

(5) 已知事件 A 与 B 相互独立，两个事件中只有 A 发生的概率与只有 B 发生的概率都是 $\dfrac{1}{4}$，求 $P(A)$，$P(B)$．

(6) 某型号高射炮发射一发炮弹击中飞机的概率为 0.6，现有若干门此型号高射炮同时发射，每炮射一发，欲以 0.99 以上的概率击中飞机，问至少要配备几门高射炮？

七、自测题参考答案

1. 填空题

(1) 0.7；　(2) $\dfrac{2}{3}$；　(3) $\dfrac{1}{7}$；　(4) 0.4；　(5) $\dfrac{1}{4}$．

2. 选择题

(1) B；　(2) D；　(3) D；　(4) D；　(5) A．

3. 计算题

(1) **解**　设 $A_1=\{$所取的 3 个数中含有数字 5$\}$，$A_2=\{$所取的 3 个数中含有偶数$\}$，$A=\{$所取的 3 个数之积能被 10 整除$\}$，则 $A=A_1 A_2$，故

$$P(A)=P(A_1 A_2)=1-P(\overline{A_1 A_2})=1-P(\overline{A_1} \cup \overline{A_2})$$

$$=1-[P(\overline{A_1})+P(\overline{A_2})-P(\overline{A_1}\overline{A_2})]$$

$$=1-\left(\frac{C_8^3}{C_9^3}+\frac{C_5^3}{C_9^3}-\frac{C_4^3}{C_9^3}\right)$$

$$=1-\left(\frac{2}{3}+\frac{5}{42}-\frac{1}{21}\right)=\frac{11}{42}.$$

(2) **解** 设 A，B，C 分别表示甲、乙、丙抽到难题签，则

$$P(A)=\frac{4}{10}=0.4;$$

$$P(B)=P(A)P(B|A)+P(\overline{A})P(B|\overline{A})$$

$$=\frac{4}{10}\times\frac{3}{9}+\frac{6}{10}\times\frac{4}{9}$$

$$=0.4;$$

$$P(C)=P(A)P(B|A)P(C|AB)+P(\overline{A})P(B|\overline{A})P(C|\overline{A}B)+$$

$$\qquad P(A)P(\overline{B}|A)P(C|A\overline{B})+P(\overline{A})P(\overline{B}|\overline{A})P(C|\overline{A}\overline{B})$$

$$=\frac{4}{10}\times\frac{3}{9}\times\frac{2}{8}+\frac{6}{10}\times\frac{4}{9}\times\frac{3}{8}+\frac{4}{10}\times\frac{6}{9}\times\frac{3}{8}+\frac{6}{10}\times\frac{5}{9}\times\frac{4}{8}$$

$$=0.4.$$

(3) **解** (p, q) 随机、等可能地落在右图中的正方形内，方程有实根的充分必要条件是其判别式大于或等于零，即 $q\leqslant\dfrac{p^2}{4}$，此时 (p, q) 落在图中的阴影部分内．阴影部分的面积为

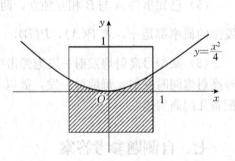

$2\displaystyle\int_0^1\frac{x^2}{4}dx+2=\frac{13}{6}$．由几何概率可得，

所求的概率为

$$\frac{\frac{13}{6}}{4}=\frac{13}{24}.$$

(4) **解** 设 $A_1=\{$所取零件是第一台机床加工的$\}$，$A_2=\{$所取零件是第二台机床加工的$\}$，$B=\{$所取的零件是次品$\}$，则 $P(A_1)=\dfrac{2}{3}$，$P(A_2)=\dfrac{1}{3}$．

① 由全概率公式得

$$P(B)=P(A_1)P(B|A_1)+P(A_2)P(B|A_2)$$

$$=\frac{2}{3}\times0.03+\frac{1}{3}\times0.02$$

$$\approx0.027,$$

故任取一件是合格品的概率为

$$1-P(B)\approx1-0.027=0.973.$$

② 由贝叶斯公式得

$$P(B|A_1)=\frac{P(BA_1)}{P(B)}=\frac{P(A_1)P(B|A_1)}{P(B)}$$

$$=\frac{\frac{2}{3}\times0.03}{\frac{0.08}{3}}=\frac{3}{4}.$$

(5) **解**　由 A 与 B 独立，得 A，$\overline{B}$ 相互独立，且 $\overline{A}$，B 相互独立，从而

$$P(A\overline{B})=P(A)P(\overline{B})=P(A)[1-P(B)]=\frac{1}{4},$$

$$P(\overline{A}B)=P(\overline{A})P(B)=[1-P(A)]P(B)=\frac{1}{4}.$$

两式相减，得 $P(A)=P(B)$，故 $\frac{1}{4}=P(A)-[P(A)]^2$，解得

$$P(A)=P(B)=\frac{1}{2}.$$

(6) **解**　设有 n 门高射炮同时发射，$A_i=\{第 i 门高射炮击中飞机\}$ $(i=1,$ $2,\cdots,n)$，则这 n 个事件的概率皆为 $p=0.6$，且它们是相互独立的. 飞机被击中的概率是

$$P(A_1\bigcup A_2\bigcup\cdots\bigcup A_n)=1-P(\overline{A_1\bigcup A_2\bigcup\cdots\bigcup A_n})=1-P(\overline{A}_1\overline{A}_2\cdots\overline{A}_n)$$

$$=1-P(\overline{A}_1)P(\overline{A}_2)\cdots P(\overline{A}_n)$$

$$=1-(1-p)^n=1-0.4^n,$$

要使此概率在 0.99 以上，就必须有 $1-0.4^n>0.99$，即 $0.4^n<0.01$，即 $n>$ $\frac{\ln0.01}{\ln0.4}\approx5.03$，故至少配置 6 门高射炮，才能使飞机被击中的概率在 0.99 以上.

第 2 章　一维随机变量及其分布

随机试验的每一个结果，都可与一实数建立对应关系，这使得每一个随机事件，都可与一个实数子集对应，于是，我们引入根据随机试验结果而随机取值的随机变量，来描述随机试验的结果．分析随机变量的取值规律，就可了解随机试验及其相关的随机事件的统计规律．本章研究一维随机变量及其分布．

一、基本要求

1. 理解随机变量及其分布函数的概念，掌握分布函数的性质．
2. 理解离散型随机变量及其分布律的概念和性质，掌握两点分布、二项分布、泊松分布及其应用．
3. 理解连续型随机变量及其密度函数的概念和性质，掌握均匀分布、指数分布、正态分布及其应用．
4. 掌握应用随机变量的分布计算随机事件概率的方法．
5. 掌握确定随机变量的简单函数的分布的方法．

二、知识要点

1. 基本概念

（1）**随机变量的概念**：设 E 是随机试验，Ω 是其样本空间．如果对每个样本点 $\omega \in \Omega$，总有一个实数 $X = X(\omega)$ 与之对应，则称 X 为该随机试验的随机变量．

（2）**分布函数的概念**：设 X 为随机变量，x 是任意实数，称事件 $\{X \leqslant x\}$ 的概率 $F(x) = P\{X \leqslant x\}(-\infty < x < +\infty)$ 为 X 的分布函数．

（3）**离散型随机变量的分布律及性质**：

若随机变量的所有可能取值只有有限个或可列个，则称其为**离散型随机变量**．如果 X 的所有可能取值为 $x_k(k = 1,~2,~\cdots)$，而 X 取值 x_k 的概率为 p_k，即

$$P\{X = x_k\} = p_k,~k = 1,~2,~\cdots,$$

则称上式为离散型随机变量 X 的概率分布或分布律，常用如下表格表示：

X_k	x_1	x_2	$\cdots$	x_k	$\cdots$
$P\{X=x_k\}$	p_1	p_2	$\cdots$	p_k	$\cdots$

其中 p_k 满足：① $0 \leqslant p_k \leqslant 1$，$k=1$，$2$，$\cdots$；② $\sum\limits_{k=1}^{+\infty} p_k = 1$.

（4）**连续型随机变量及其密度函数的定义与性质**：设 $F(x)=P\{X \leqslant x\}$ 是随机变量 X 的分布函数，若存在非负函数 $f(x)$，使 $F(x)$ 表示为变上限积分 $F(x)=\int_{-\infty}^{x} f(t)\mathrm{d}t$，则称 X 为连续型随机变量，并称 $f(x)$ 为 X 的概率密度函数，简称为密度函数.

密度函数 $f(x)$ 有下列性质：

性质 1　$f(x) \geqslant 0$.

性质 2　$\int_{-\infty}^{+\infty} f(x)\mathrm{d}x = 1$.

性质 3　$P\{a < X \leqslant b\} = \int_{a}^{b} f(x)\mathrm{d}x$.

性质 4　当 x 是 $f(x)$ 的连续点时，有 $F'(x)=f(x)$.

2. 六个重要分布

分布名称	记号	分布律或密度函数
两点分布	$X \sim B(1,\ p)$ 分布	$P\{X=1\}=p$，$P\{X=0\}=1-p$，$0<p<1$
二项分布	$X \sim B(n,\ p)$	$P\{X=k\}=C_n^k p^k (1-p)^{n-k}$，$k=0$，$1$，$2$，$\cdots$，$n$
泊松分布	$X \sim P(\lambda)$	$P\{X=k\}=\dfrac{\lambda^k}{k!}\mathrm{e}^{-\lambda}$，$k=0$，$1$，$2$，$\cdots$，$\lambda>0$
均匀分布	$X \sim U[a,\ b]$	$f(x)=\begin{cases} \dfrac{1}{b-a}, & a \leqslant x \leqslant b, \\ 0, & \text{其他}. \end{cases}$
指数分布	$X \sim E(\lambda)$	$f(x)=\begin{cases} \lambda \mathrm{e}^{-\lambda x}, & x>0, \\ 0, & x \leqslant 0, \end{cases} \lambda>0$
正态分布	$X \sim N(\mu,\ \sigma^2)$	$f(x)=\dfrac{1}{\sqrt{2\pi}\sigma}\mathrm{e}^{-\frac{(x-\mu)^2}{2\sigma^2}}$，$-\infty<x<+\infty$，$\sigma>0$

在实际应用中，当 n 很大，p 很小，$np=\lambda$ 不太大时，二项分布 $B(n,\ p)$ 可用泊松分布 $P(\lambda)$ 来近似代替，即有近似公式

$$C_n^k p^k (1-p)^{n-k} \approx \frac{\lambda^k}{k!}\mathrm{e}^{-\lambda}, \ k=0, \ 1, \ 2, \ \cdots, \ n,$$

其中 $\lambda = np$.

3. 随机变量的函数的分布

（1）**离散型随机变量函数的分布**：如果离散型随机变量 X 的分布律为 $p_k = P\{X = x_k\}$, $k = 1$, 2, $\cdots$, $y = g(x)$ 是一个单值函数，则 $Y = g(X)$ 是一个离散型随机变量，可根据如下概率关系式确定 Y 的分布律

$$P\{Y = g(x_k)\} = P\{X = x_k\}, \quad k = 1, 2, \cdots,$$

即

$$P\{Y = y_j\} = \sum_{g(x_k) = y_j} P\{Y = g(x_k)\} = \sum_{g(x_k) = y_j} P\{X = x_k\}.$$

（2）**连续型随机变量函数的分布**：如果 X 是一个连续型随机变量，$y = g(x)$ 是一个连续函数，则 $Y = g(X)$ 是一个连续型随机变量.

若已知 X 的密度函数为 $f_X(x)$，欲求 $Y = g(X)$ 的密度函数 $f_Y(y)$，则可分两步进行：先求 Y 的分布函数 $F_Y(y)$，再求 $F_Y(y)$ 的导数得 $f_Y(y)$，即 $f_Y(y) = F_Y'(y)$，其中

$$F_Y(y) = P\{Y \leqslant y\} = P\{g(X) \leqslant y\} = P\{X \in \{x \mid g(x) \leqslant y\}\}.$$

特别地，若 $y = g(x)$ 为严格单调可导函数，记 (a, b) 为 $g(x)$ 的值域，$x = h(y)$ 为 $y = g(x)$ 的反函数，则 $Y = g(X)$ 的密度函数可由如下公式计算：

$$f_Y(y) = \begin{cases} f_X[h(y)] \mid h'(y) \mid, & a < y < b, \\ 0, & \text{其他}. \end{cases}$$

（3）**一个重要结论**：正态分布的线性函数仍服从正态分布，即若 $X \sim N(\mu, \sigma^2)$，$Y = aX + b(a \neq 0)$，则 $Y \sim N(a\mu + b, a^2\sigma^2)$. 特别地，$Y = \dfrac{1}{\sigma}X - \dfrac{\mu}{\sigma} \sim N(0, 1)$，所以称变换 $Y = \dfrac{X - \mu}{\sigma}$ 为标准化变换.

三、典型例题

例 2.1 一汽车沿一街道行驶，需通过三个交通岗，各个交通岗出现什么信号是相互独立的，且每个交通岗出现红灯和绿灯的概率均为 $\dfrac{1}{2}$，以 X 表示该汽车首次遇到红灯时已通过的交通岗的个数，求 X 的分布律.

解 X 的可能取值为 0，1，2，3.

$$P\{X = 0\} = P(\text{第一岗红灯}) = \frac{1}{2},$$

$$P\{X = 1\} = P(\text{第一岗绿灯，第二岗红灯}) = \frac{1}{4},$$

$$P\{X=2\}=P(\text{第一、二岗绿灯，第三岗红灯})=\frac{1}{8},$$

$$P\{X=3\}=P(\text{第一、二、三岗绿灯})=\frac{1}{8},$$

故 X 的分布律为

X	0	1	2	3
P	$\frac{1}{2}$	$\frac{1}{4}$	$\frac{1}{8}$	$\frac{1}{8}$

题注：确定离散型随机变量的分布律时，首先确定随机变量的所有可能取值，再确定概率 $P\{X=x_i\}$；在求概率 $P\{X=x_i\}$ 时，一定要把事件"$X=x_i$"分析清楚.

例 2.2　设一离散型随机变量 X 的分布律如下：

X	-2	0	3
P	$\frac{1}{2}$	$1-2a$	a^2

试求：(1) 常数 a 的值；(2) X 的分布函数，并作图.

解　(1) 因离散型随机变量的分布律 $p_k=P\{X=x_k\}$ 满足 $0\leqslant p_k\leqslant 1$，且 $\sum\limits_{k=1}^{+\infty}p_k=1$，所以有

$$\begin{cases}\dfrac{1}{2}+1-2a+a^2=1,\\ 0\leqslant 1-2a\leqslant 1,\\ 0\leqslant a^2\leqslant 1,\end{cases}$$

解得 $a=1-\sqrt{\dfrac{1}{2}}$，从而 X 的分布律为

X	-2	0	3
P	$\frac{1}{2}$	$\sqrt{2}-1$	$\frac{3}{2}-\sqrt{2}$

(2) 因 $F\{x\}=P\{X\leqslant x\}=\sum\limits_{x_k\leqslant x}P\{X=x_k\}$，而 X 只有 -2，0，3 三个取值，故将 $(-\infty,+\infty)$ 分为 $(-\infty,-2)$，$[-2,0)$，$[0,3)$，$[3,+\infty)$ 四个子区间.

① 当 $x<-2$ 时，X 在 $(-\infty,x]$ 上没有取值，故 $F(x)=P(\varnothing)=0$；

② 当 $-2\leqslant x<0$ 时，X 在 $(-\infty,x]$ 上的取值仅有 $X=-2$，故

$$F(x)=P\{X=-2\}=\frac{1}{2};$$

③ 当 $0{\leqslant}x{<}3$ 时，X 在 $(-\infty,\ x]$ 上的取值有 $X=-2$ 和 $X=0$，故

$$F(x)=P\{X=-2\}+P\{X=0\}=\frac{1}{2}+\sqrt{2}-1=\sqrt{2}-\frac{1}{2};$$

④ 当 $x{\geqslant}3$ 时，X 在 $(-\infty,\ x]$ 上的取值有 $X=-2$，$X=0$ 和 $X=3$，故

$$F(x)=P\{X=-2\}+P\{X=0\}+P\{X=3\}=\frac{1}{2}+\sqrt{2}-1+\frac{3}{2}-\sqrt{2}=1,$$

因此
$$F(x)=\begin{cases} 0, & x<-2, \\ \dfrac{1}{2}, & -2{\leqslant}x<0, \\ \sqrt{2}-\dfrac{1}{2}, & 0{\leqslant}x<3, \\ 1, & x{\geqslant}3, \end{cases}$$

其图形如图 2-1 所示：

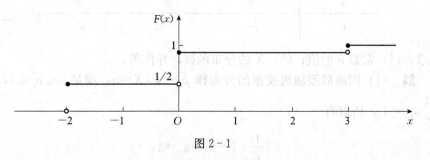

图 2-1

题注：由本例可知，离散型随机变量 X 的分布函数 $F(x)$ 的图像是一阶梯形曲线，这是离散型随机变量独有的特征．若 X 有 k 个可能取值 x_1，x_2，$\cdots$，x_k，应将 $(-\infty,\ +\infty)$ 分为 $(-\infty,\ x_1)$，$[x_1,\ x_2)$，$\cdots$，$[x_k,\ +\infty)$ 这样的 $k+1$ 个左闭右开区间，再分别把属于 $(-\infty,\ x]$ 内的概率相加即求得相应的 $F(x)$ 值．即对于离散型随机变量，采用概率累加法求其分布函数．

例 2.3 设随机变量 X 的分布函数为

$$F(x)=\begin{cases} 0, & x<-1, \\ 0.4, & -1{\leqslant}x<1, \\ 0.8, & 1{\leqslant}x<3, \\ 1, & x{\geqslant}3, \end{cases}$$

求 X 的概率分布．

解 显然 $F(x)$ 为阶梯函数，故 X 是离散型随机变量，$F(x)$ 的间断点有 $x_1=-1$，$x_2=1$，$x_3=3$，它们是 X 的所有可能取值，

由公式 $p_k=P\{X=x_k\}=F(x_k)-F(x_k-0)$ 可得如下概率：

$$p_1 = P\{X=-1\} = F(-1) - F(-1-0) = 0.4 - 0 = 0.4,$$
$$p_2 = P\{X=1\} = F(1) - F(1-0) = 0.8 - 0.4 = 0.4,$$
$$p_3 = P\{X=3\} = F(3) - F(3-0) = 1 - 0.8 = 0.2,$$

故 X 的分布律如下表：

X	-1	1	3
p_i	0.4	0.4	0.2

例 2.4　设 X 是连续型随机变量，其分布函数为

$$F(x) = \begin{cases} a, & x<1, \\ b x \ln x + c x + d, & 1 \leqslant x \leqslant e, \\ d, & x>e, \end{cases}$$

试求：(1)常数 a，b，c，d 的值；(2)密度函数 $f(x)$；(3)概率 $P\{0 \leqslant X \leqslant 2\}$.

解　(1) 因为连续型随机变量 X 的分布函数 $F(x)$ 在 $(-\infty,+\infty)$ 上处处连续，所以应有

$$F(1) = \lim_{x \to 1-0} F(x), \quad 即\ c+d=a,$$
$$F(e) = \lim_{x \to e+0} F(x), \quad 即\ be+ce+d=d,$$

又由分布函数 $F(x)$ 的性质 $\lim_{x \to -\infty} F(x)=0$，$\lim_{x \to +\infty} F(x)=1$，得到

$$a=0, \quad d=1,$$

解上述方程组得

$$a=0, \ b=1, \ c=-1, \ d=1,$$

所以

$$F(x) = \begin{cases} 0, & x<1, \\ x\ln x - x + 1, & 1 \leqslant x \leqslant e, \\ 1, & x>e. \end{cases}$$

(2) 因为

$$F'(x) = \begin{cases} \ln x, & 1 \leqslant x \leqslant e, \\ 0 & x<1\ 或\ x>e, \end{cases}$$

所以随机变量 X 的密度函数为

$$f(x) = \begin{cases} \ln x, & 1 \leqslant x \leqslant e, \\ 0, & 其他. \end{cases}$$

(3) $P\{0 \leqslant X \leqslant 2\} = F(2) - F(0) = 2\ln 2 - 2 + 1 - 0 = 2\ln 2 - 1.$

题注：(1)若连续型随机变量 X 的分布函数只有有限个不可导点，则密度函数 $f(x)$ 在分布函数 $F(x)$ 的不可导点可以取为 0.

(2) 对于连续型随机变量 X，以下等式成立：

$$P\{a \leqslant X \leqslant b\} = P\{a < X \leqslant b\} = P\{a \leqslant X < b\} = P\{a < X < b\}$$

$$= \int_a^b f(x)\mathrm{d}x = F(b) - F(a).$$

例 2.5 设连续型随机变量 X 的密度函数为

$$f(x) = \begin{cases} x, & 0 \leqslant x < 1, \\ 2-x, & 1 \leqslant x < 2, \\ 0, & \text{其他}, \end{cases}$$

求：(1) X 的分布函数 $F(x)$；(2) 概率 $P\left\{-1 \leqslant X < \frac{1}{2}\right\}$ 和 $P\left\{\frac{1}{2} \leqslant X \leqslant \frac{3}{2}\right\}$.

解 (1) $F(x) = P\{X \leqslant x\} = \int_{-\infty}^x f(t)\mathrm{d}t$.

当 $x<0$ 时，$F(x) = \int_{-\infty}^x f(t)\mathrm{d}t = \int_{-\infty}^x 0\mathrm{d}t = 0$；

当 $0 \leqslant x < 1$ 时，$F(x) = \int_{-\infty}^x f(t)\mathrm{d}t = \int_{-\infty}^0 0\mathrm{d}t + \int_0^x t\mathrm{d}t = \frac{1}{2}x^2$；

当 $1 \leqslant x < 2$ 时，$F(x) = \int_{-\infty}^x f(t)\mathrm{d}t = \int_{-\infty}^0 0\mathrm{d}t + \int_0^1 t\mathrm{d}t + \int_1^x (2-t)\mathrm{d}t$

$$= -\frac{1}{2}x^2 + 2x - 1；$$

当 $x \geqslant 2$ 时，$F(x) = \int_{-\infty}^x f(t)\mathrm{d}t = \int_{-\infty}^0 0\mathrm{d}t + \int_0^1 t\mathrm{d}t + \int_1^2 (2-t)\mathrm{d}t + \int_2^x 0\mathrm{d}t = 1$.

即 X 的分布函数为

$$F(x) = \begin{cases} 0, & x < 0, \\ \dfrac{1}{2}x^2, & 0 \leqslant x < 1, \\ -\dfrac{1}{2}x^2 + 2x - 1, & 1 \leqslant x < 2, \\ 1, & x \geqslant 2. \end{cases}$$

(2) **解法 1** 直接利用分布函数求概率.

$$P\left\{-1 \leqslant X < \frac{1}{2}\right\} = F\left(\frac{1}{2}\right) - F(-1) = \frac{1}{2} \times \left(\frac{1}{2}\right)^2 - 0 = \frac{1}{8},$$

$$P\left\{\frac{1}{2} \leqslant X \leqslant \frac{3}{2}\right\} = F\left(\frac{3}{2}\right) - F\left(\frac{1}{2}\right) = -\frac{1}{2} \times \left(\frac{3}{2}\right)^2 + 2 \times \frac{3}{2} - 1 - \frac{1}{2} \times \left(\frac{1}{2}\right)^2$$

$$= \frac{3}{4}.$$

解法 2 利用密度函数求概率.

$$P\left\{-1 \leqslant X < \frac{1}{2}\right\} = \int_{-1}^{\frac{1}{2}} f(x)\mathrm{d}x = \int_{-1}^0 0\mathrm{d}x + \int_0^{\frac{1}{2}} x\mathrm{d}x = \frac{1}{8},$$

$$P\left\{\frac{1}{2} \leqslant X \leqslant \frac{3}{2}\right\} = \int_{\frac{1}{2}}^{\frac{3}{2}} f(x)\mathrm{d}x = \int_{\frac{1}{2}}^{1} x\mathrm{d}x + \int_{1}^{\frac{3}{2}} (2-x)\mathrm{d}x = \frac{3}{4}.$$

题注：若已知连续型随机变量的密度函数，求其分布函数，则先以密度函数的分段点将$(-\infty, +\infty)$分为若干个子区间，再计算当 x 分别落在这些子区间内时的积分 $\int_{-\infty}^{x} f(t)\mathrm{d}t$.

例 2.6　已知在电源电压不超过 200V、介于 200～240V 之间及超过 240V 的三种情况下，某种电子元件的损坏率依次为 0.1，0.001 及 0.2. 若电源电压 $X \sim N(220, 25^2)$，求：

（1）此种电子元件的损坏率；

（2）此种电子元件损坏时，电源电压在 200～240V 之间的概率.

解　（1）设 A_1 表示事件"电源电压不超过 200V"，A_2 表示"电源电压在 200～240V 之间"，A_3 表示"电源电压超过 240V"，B 表示"电子元件损坏"，则 A_1，A_2，A_3 互不相容，且 $A_1 + A_2 + A_3 = \Omega$.

由电源电压 $X \sim N(220, 25^2)$，可知 $\dfrac{X-220}{25} \sim N(0, 1)$，于是可得

$$P(A_1) = P\{X < 200\} = P\left\{\frac{X-220}{25} < \frac{200-220}{25}\right\}$$
$$= \Phi(-0.8) = 1 - \Phi(0.8),$$

经查标准正态分布表：$\Phi(0.8) = 0.788$，故

$$P(A_1) \approx 1 - 0.788 = 0.212;$$

$$P(A_2) = P\{200 \leqslant X \leqslant 240\} = P\left\{\frac{200-220}{25} \leqslant \frac{X-220}{25} \leqslant \frac{240-220}{25}\right\}$$
$$= \Phi(0.8) - \Phi(-0.8) = 2\Phi(0.8) - 1$$
$$\approx 2 \times 0.788 - 1 = 0.576;$$

$$P(A_3) = P\{X > 240\} = P\left\{\frac{X-220}{25} > \frac{240-220}{25}\right\} = 1 - \Phi(0.8)$$
$$\approx 1 - 0.788 = 0.212.$$

又由题意知 $P(B|A_1) = 0.1$，$P(B|A_2) = 0.001$，$P(B|A_3) = 0.2$，根据全概率公式得

$$P(B) = P(A_1)P(B|A_1) + P(A_2)P(B|A_2) + P(A_3)P(B|A_3)$$
$$\approx 0.212 \times 0.1 + 0.576 \times 0.001 + 0.212 \times 0.2 \approx 0.064.$$

（2）由贝叶斯公式得

$$P(A_2|B) = \frac{P(A_2 B)}{P(B)} = \frac{P(A_2)P(B|A_2)}{P(B)} \approx \frac{0.576 \times 0.001}{0.064} \approx 0.009.$$

例 2.7　一大型设备在任何长为 t 的时间内发生故障的次数 $N(t)$ 服从参数

为 λt 的泊松分布.（1）求相继两次故障之间的时间间隔 T 的概率分布；（2）求在设备已无故障工作 8h 的情况下，再无故障运行 8h 的概率.

解 （1）由 $N(t)\sim P(\lambda t)$，可知

$$P\{N(t)=k\}=\frac{1}{k!}(\lambda t)^k \mathrm{e}^{-\lambda t}, \ k=0, \ 1, \ 2, \ \cdots.$$

设该设备在相继两次故障之间的时间间隔 T 的分布函数为 $F(t)=P\{T\leqslant t\}$，则

当 $t\leqslant 0$ 时，$F(t)=P\{T\leqslant t\}=P(\varnothing)=0$；

当 $t>0$ 时，$F(t)=P\{T\leqslant t\}=1-P\{T>t\}=1-P\{N(t)=0\}$

$$=1-\frac{1}{0!}(\lambda t)^0 \mathrm{e}^{-\lambda t}=1-\mathrm{e}^{-\lambda t},$$

即

$$F(t)=\begin{cases} 0, & t\leqslant 0, \\ 1-\mathrm{e}^{-\lambda t}, & t>0, \end{cases}$$

即 T 服从参数为 λ 的指数分布，记为 $T\sim E(\lambda)$.

（2）$P\{T>16 \mid T>8\}=\dfrac{P\{T>16\}}{P\{T>8\}}=\dfrac{1-P\{T\leqslant 16\}}{1-P\{T\leqslant 8\}}=\dfrac{1-(1-\mathrm{e}^{-16\lambda})}{1-(1-\mathrm{e}^{-8\lambda})}=\mathrm{e}^{-8\lambda}$.

例 2.8 设一电路装有三个工作状态相互独立的同种电器元件，它们的工作时间均服从参数为 $\lambda>0$ 的指数分布，当三个元件都无故障时，电路正常工作，否则整个电路不能正常工作，求电路正常工作的时间 T 的概率分布.

解 设 $T_i=\{$第 i 个电器元件无故障工作的时间$\}$（$i=1$，2，3），则 T_1，T_2，T_3 相互独立，$T_i\sim E(\lambda)$，即 $T_i\sim f(t)=\begin{cases} \lambda\mathrm{e}^{-\lambda t}, & t>0, \\ 0, & t\leqslant 0, \end{cases}$ 即

$$F_{T_i}(t)=\begin{cases} 1-\mathrm{e}^{-\lambda t}, & t>0, \\ 0, & t\leqslant 0, \end{cases}$$

所以，当 $t\leqslant 0$ 时，$P\{T_i\leqslant t\}=F_{T_i}(t)=0$，从而 $P\{T_i>t\}=1$，

$$F_T(t)=P\{T\leqslant t\}=P\{T_1\leqslant t \text{ 或 } T_2\leqslant t \text{ 或 } T_3\leqslant t\}$$

$$=1-P\{T_1>t\}\cdot P\{T_2>t\}\cdot P\{T_3>t\}=1-1=0;$$

当 $t>0$ 时，$P\{T_i\leqslant t\}=F_{T_i}(t)=1-\mathrm{e}^{-\lambda t}$，则 $P\{T_i>t\}=1-P\{T_i\leqslant t\}=\mathrm{e}^{-\lambda t}$，

$$F_T(t)=P\{T\leqslant t\}=1-P\{T>t\}=1-P\{T_1>t, \ T_2>t, \ T_3>t\}$$

$$=1-P\{T_1>t\}\cdot P\{T_2.>t\}\cdot P\{T_3>t\}=1-\mathrm{e}^{-3\lambda t},$$

所以电路正常工作的时间 T 的分布函数为

$$F(t)=\begin{cases} 1-\mathrm{e}^{-3\lambda t}, & t>0, \\ 0, & t\leqslant 0, \end{cases}$$

即 T 服从参数为 3λ 的指数分布，其密度函数为

$$f(t) = \begin{cases} 3\lambda e^{-3\lambda t}, & t > 0, \\ 0, & t \leqslant 0. \end{cases}$$

例 2.9　已知随机变量 X 的密度函数为 $f_X(x) = \begin{cases} e^{-x}, & x > 0, \\ 0, & x \leqslant 0, \end{cases}$ 求 $Y = e^X$ 的密度函数 $f_Y(y)$.

解法 1　因为 $y = g(x) = e^x$ 为单调递增函数，其反函数为 $x = h(y) = \ln y$，且 $h'(y) = \dfrac{1}{y}$. 又因为 X 的密度函数为

$$f_X(x) = \begin{cases} e^{-x}, & x > 0, \\ 0, & x \leqslant 0, \end{cases}$$

所以根据定理，$Y = e^X$ 的密度函数为

$$f_Y(y) = f_X(h(y)) \cdot |h'(y)|$$

$$= \begin{cases} e^{-\ln y} \cdot \left| \dfrac{1}{y} \right|, & \ln y > 0, \\ 0, & \text{其他} \end{cases}$$

$$= \begin{cases} \dfrac{1}{y^2}, & y > 1, \\ 0, & y \leqslant 1. \end{cases}$$

解法 2　设 Y 的分布函数为 $F_Y(y)$. 因而当 $x > 0$ 时，$f_X(x) > 0$，即 X 的取值范围为 $(0, +\infty)$，所以 $Y = e^X$ 应在 $(1, +\infty)$ 上取值.

① 当 $y \leqslant 1$ 时，$F_Y(y) = P\{Y \leqslant y\} = 0$；

② 当 $y > 1$ 时，$F_Y(y) = P\{Y \leqslant y\} = P\{e^X \leqslant y\} = P\{X \leqslant \ln y\} = F_X(\ln y)$.

所以　　$F_Y'(y) = F_X'(\ln y) \cdot \dfrac{1}{y} = f_X(\ln y) \cdot \dfrac{1}{y} = e^{-\ln y} \cdot \dfrac{1}{y} = \dfrac{1}{y^2}$，

故　　　　　　　$f_Y(y) = \begin{cases} \dfrac{1}{y^2}, & y > 1, \\ 0, & y \leqslant 1. \end{cases}$

题注：应用分布函数法解题时，可以根据 X 的密度函数 $f_X(x)$ 大于零的部分确定出 X 的取值范围，再由 $Y = g(X)$ 得到相应的 Y 的取值范围，然后就比较方便分段讨论 $F_Y(y)$ 的函数表达式了，最后对 $F_Y(y)$ 求导.

四、疑难解析

【问题 2.1】　引入随机变量的目的是什么？

【答】　引入随机变量可以对随机试验 E 的一切可能结果数量化，从而揭

示客观事物存在的统计规律性．对 E 中的每一个事件 A，都可以定义一个适当的随机变量及其可取数集．本质上，随机变量就是一个建立在样本空间上的一个实函数，即 $X(\omega_i)=x_i$，其中 $\omega_i \in \Omega$，$x_i \in \mathbf{R}$，这样一来，微积分的一些研究方法就可以应用到概率论领域．

【问题 2.2】 什么叫随机变量的分布？哪些量能刻画分布？

【答】 随机变量 X 的取值规律，即为随机变量 X 的分布，可以用分布函数 $F(x)=P\{X\leqslant x\}$ 来刻画．对于离散型随机变量，我们常用简单、直接的分布律 $P\{X=x_i\}=p_i$，$i=1,2,\cdots$ 来刻画，对于连续型随机变量，则常用密度函数 $f(x)\geqslant 0$ 来刻画，它满足 $\forall x \in \mathbf{R}$，$F(x)=\int_{-\infty}^{x} f(t)\,\mathrm{d}t$．所以，要确定一个随机变量的分布，只要求出它的分布函数或分布律（离散型）或密度函数（连续型）．

【问题 2.3】 $F_1(x)=P\{X\leqslant x\}$ 与 $F_2(x)=P\{X<x\}$ 有何异同？

【答】 这是分布函数的两种常见的定义形式，它们的相同之处是：两者的值域相同，都是 $[0,1]$；单调不减；$F(-\infty)=0$，$F(+\infty)=1$．不同之处是前者包含概率 $P\{X=x\}$，后者不含此概率，从而使得前者在 $(-\infty,+\infty)$ 内处处右连续，后者则处处左连续；当 X 为连续型随机变量时，由于 $P\{X=x\}=0$，使得 $F_1(x)=F_2(x)$．值得注意的是，若分布函数是分段函数，则 $F_1(x)=P\{X\leqslant x\}$ 的分段区间是左闭右开，$F_2(x)=P\{X<x\}$ 的分段区间是右闭左开（有限部分）．

【问题 2.4】 概率为 0 的事件一定是不可能事件吗？概率为 1 的事件一定是必然事件吗？

【答】 概率为 0 的事件不一定是不可能事件，例如，设 X 是连续型随机变量，它在整个数轴上取值，C 是一常数，则 $\{X=C\}\neq\varnothing$，而 $P\{X=C\}=0$．同理，概率为 1 的事件也不一定是必然事件，事实上，若设 $A=\{X\neq C$ 的全体实数$\}$，$\overline{A}=\{X=C\}$，

$$P(A)=1-P(\overline{A})=1-P\{X=C\}=1-0=1,$$

但显然 $A\neq\Omega$．

【问题 2.5】 连续型随机变量 X 的密度函数是否是连续函数？它的密度函数是否唯一？

【答】 $f(x)$ 不一定是连续函数．例如，X 在 (a,b) 上服从均匀分布，其密度函数 $f(x)$ 在 $x=a$ 和 $x=b$ 处不连续．但我们必须注意到，任何连续型随机变量的密度函数至多只有有限个不连续点．

X 的密度函数 $f(x)$ 不是唯一的，如果改变 $f(x)$ 在有限个点的函数值，得

到新的非负函数 $\varphi(x)$，则 X 的分布函数 $F(x)$ 也可表示为 $\varphi(x)$ 在 $(-\infty, x]$ 上的积分，因此 $\varphi(x)$ 也是 X 的概率密度.

【问题 2.6】 对于密度函数 $f(x)$ 的不连续点，如何从分布函数 $F(x)$ 求得 $f(x)$？

【答】 由密度函数的性质，若 $f(x)$ 在 x 处连续，则有 $F'(x)=f(x)$. 如果 $f(x)$ 在点 x 处不连续时，可以补充定义 $f(x)=0$，因为这不会影响分布函数的取值. 因此除有限个点外，如果 $F'(x)$ 存在且连续，则密度函数 $f(x)$ 可以用下面方法确定：

$$f(x)=\begin{cases} F'(x), & \text{当 } F'(x) \text{存在时}, \\ 0, & \text{当 } F'(x) \text{不存在时}. \end{cases}$$

【问题 2.7】 如何求随机变量的函数的分布函数？

【答】 一般可根据分布函数的定义求得，我们姑且称之为直接法. 比如已知 X 的分布，$Y=g(X)$ 的分布函数为 $F_Y(y)=P\{g(X) \leqslant y\}$，它一般可表达为 X 的分布的复合函数. 直接法处理的关键在于，将事件 $\{g(X) \leqslant y\}$ 等价地转化为事件 $\{X \in S\}$，其中 $S=\{x \mid g(x) \leqslant y\}$.

【问题 2.8】 设 $X \sim N(3, 4)$，求 $P\{-4 < X < 10\}$.

【错误解法】
$$\begin{aligned} P\{-4 < X < 10\} &= P\{-4 < X \leqslant 10\} \\ &= F(10) - F(-4) \\ &= F(10) - (1 - F(4)) \\ &= F(10) + F(4) - 1 \\ &= \Phi\left(\frac{10-3}{4}\right) + \Phi\left(\frac{4-3}{4}\right) - 1 \\ &= 0.5586. \end{aligned}$$

分析 此解有两个错误，其一，误认为一般正态分布函数具有性质 $F(-x)=1-F(x)$，这是不对的，故解中的 $F(-4) \neq 1-F(4)$，只有标准正态分布函数才有 $\Phi(-x)=1-\Phi(x)$；其二，误认为 $\sigma=4$，由正态分布的定义可知，$\sigma^2=4$，故 $\sigma=2$.

【正确解法】
$$\begin{aligned} P\{-4 < X < 10\} &= F(10) - F(-4) \\ &= \Phi\left(\frac{10-3}{2}\right) - \Phi\left(\frac{-4-3}{2}\right) \\ &= \Phi(3.5) - \Phi(-3.5) \\ &= \Phi(3.5) - [1 - \Phi(3.5)] \\ &= 2\Phi(3.5) - 1 \\ &\approx 0.9995. \end{aligned}$$

【问题 2.9】 设连续型随机变量 X 的密度函数为 $f(x) = \begin{cases} e^{-x}, & x \geq 0, \\ 0, & x < 0, \end{cases}$ 求 $F(x)$.

【错误解法】 $F(x) = \int_{-\infty}^{x} f(t) \mathrm{d}t = \int_{0}^{x} e^{-t} \mathrm{d}t = 1 - e^{-x}$.

分析 分布函数是定义在整个数轴上的函数，该解法只在 $x \geq 0$ 时确定了分布函数的表达式，显然不对．正确的解法是就 x 落在每个分段区间进行讨论．

【正确解法】 当 $x < 0$ 时，$F(x) = \int_{-\infty}^{x} f(t) \mathrm{d}t = \int_{-\infty}^{x} 0 \mathrm{d}t = 0$；

当 $x \geq 0$ 时，$F(x) = \int_{-\infty}^{x} f(t) \mathrm{d}t = \int_{-\infty}^{0} 0 \mathrm{d}t + \int_{0}^{x} e^{-t} \mathrm{d}t = 1 - e^{-x}$，

所以 $$F(x) = \begin{cases} 0, & x < 0, \\ 1 - e^{-x}, & x \geq 0. \end{cases}$$

五、习题选解

1. 设离散型随机变量 X 的分布律为
$$P_K = P\{X = k\} = a e^{-k}, \ k = 1, 2, \cdots,$$
试确定常数 a.

解 离散型随机变量 X 的分布律中 p_k，$k = 1, 2, \cdots$ 应满足 $\sum_{k=1}^{+\infty} p_k = 1$，

则 $$\sum_{k=1}^{+\infty} p_k = \sum_{k=1}^{+\infty} a e^{-k} = \lim_{n \to \infty} a \cdot \frac{e^{-1}(1 - e^{-n})}{1 - e^{-1}} = a \cdot \frac{e^{-1}}{1 - e^{-1}} = 1,$$
所以 $a = e - 1$.

2. 有甲、乙两种味道和颜色都极为相似的名酒各 4 杯．如果从中任挑 4 杯，能将甲种酒全部挑出来，算是试验成功一次，求：

(1) 某人随机地去挑，试验成功一次的概率；

(2) 某人声称他通过品尝能区分两种酒．他连续试验 10 次，成功 3 次．试推断他是猜对的，还是他确有区分的能力（设各次试验是相互独立的）．

解 (1) 所求概率为 $\dfrac{1}{C_8^4} = \dfrac{1}{70}$；

(2) 假设某人没有区分两种酒的能力，即是随机猜对的，那么若令 10 次试验中成功的次数为 X，则应有 $X \sim B\left(10, \dfrac{1}{70}\right)$，则

$$P\{X=3\}=C_{10}^3\left(\frac{1}{70}\right)^3\left(\frac{69}{70}\right)^7\approx3\times10^{-4},$$

即猜对 3 次的概率约为 3×10^{-4}，这个概率很小，根据实际推断原理，假设不成立，因此可以认为他确有区分能力，而不是猜对的．

3. 设有一批同类型的设备，各台设备工作相互独立，发生故障的概率均为 0.005，假设一台设备的故障可由一个人来排除．

（1）若拥有这批设备 200 台，问至少需配备多少维修工人，才能保证设备发生故障而不能及时排除的概率不大于 0.01？

（2）若一人负责 40 台设备的维修，求设备发生故障而不能及时排除的概率；

（3）若由 2 人共同负责维修 100 台设备，求设备发生故障而不能及时排除的概率．

解 此题为 $p=0.005$ 的 n 重伯努利试验．

（1）设 X 为 200 台设备中同时发生故障的设备台数，则 $X\sim B(200,0.005)$，即 $P\{X=k\}=C_{200}^k(0.005)^k(1-0.005)^{200-k}$，$k=0,1,\cdots,200$．

设需要配备 x 个维修工人，设备发生故障不能及时排除的事件是 $\{X>x\}$，即 $P\{X>x\}\leqslant0.01$，而

$$P\{X>x\}=\sum_{k=x+1}^{200}C_{200}^k(0.005)^k(1-0.005)^{200-k}.$$

由于 $n=200$，$p=0.005$，$np=1$，所以可以用泊松分布近似替代二项分布，则应满足

$$P\{X>x\}\approx\sum_{k=x+1}^{+\infty}\frac{\mathrm{e}^{-1}}{k!}\leqslant0.01,$$

经查泊松分布表，得 $x+1\geqslant5$，求得 $x\geqslant4$，即需至少配备 4 人．

（2）依题意，40 台设备中发生故障的设备数 X 服从二项分布 $B(40,0.005)$，即

$$P\{X=k\}=C_{40}^k(0.005)^k(1-0.005)^{40-k},\quad k=0,1,\cdots,40.$$

因维修工人只有一个，设备发生故障不能及时排除的事件是 $\{X\geqslant2\}$，则有

$$\begin{aligned}P\{X\geqslant2\}&=1-P\{X<2\}=1-P\{X=0\}-P\{X=1\}\\&=1-(0.995)^{40}-40\times0.005\times0.995^{39}\\&\approx1-\frac{(0.2)^0\mathrm{e}^{-0.2}}{0!}-\frac{(0.2)\mathrm{e}^{-0.2}}{1!}\\&=1-1.2\mathrm{e}^{-0.2}\approx0.0175.\end{aligned}$$

（3）由于是 2 人共同维修 100 台设备，所以设备发生故障不能及时排除的

事件是$\{X\geqslant3\}$，而 100 台设备中发生故障的设备数 X 服从二项分布 $B(100,$ $0.005)$，这里 $n=100$，$p=0.005$，$np=0.5$，则可由泊松分布作近似计算，有

$$P\{X\geqslant3\}=1-P\{X<3\}=1-P\{X=0\}-P\{X=1\}-P\{X=2\}$$

$$\approx1-\frac{(0.5)^0e^{-0.5}}{0!}-\frac{(0.5)^1e^{-0.5}}{1!}-\frac{(0.5)^2e^{-0.5}}{2!}$$

$$=1-\frac{13}{8}e^{-0.5}\approx0.0144.$$

4. 设连续型随机变量 X 的分布函数为

$$F(x)=\begin{cases}a+be^{-\frac{x^2}{2}}, & x\geqslant0,\\ 0, & x<0.\end{cases}$$

（1）求常数 a 和 b；（2）求 X 的密度函数 $f(x)$；（3）求概率 $P\{\sqrt{\ln4}<X<\sqrt{\ln16}\}$.

解　（1）$F(x)$ 在 $(-\infty, +\infty)$ 上处处连续，特别在分段点 $x=0$ 处连续，所以

$$F(0)=\lim_{x\to0^+}F(x)=F(0+0)=0，即\ a+b=0.$$

又由分布函数 $F(x)$ 的性质，得到

$$1=F(+\infty)=\lim_{x\to+\infty}F(x)=a,$$

解上述关于 a，b 的二元方程组有：$a=1$，$b=-1$.

（2）$f(x)=F'(x)=\begin{cases}xe^{-\frac{x^2}{2}}, & x\geqslant0,\\ 0, & x<0.\end{cases}$

（3）$P\{\sqrt{\ln4}<X<\sqrt{\ln16}\}=F(\sqrt{\ln16})-F(\sqrt{\ln4})$

$$=\left(1-e^{-\frac{(\sqrt{\ln16})^2}{2}}\right)-\left(1-e^{-\frac{(\sqrt{\ln4})^2}{2}}\right)$$

$$=-e^{-\frac{2\ln4}{2}}+e^{-\frac{2\ln2}{2}}=-e^{-\ln4}+e^{-\ln2}$$

$$=-\frac{1}{e^{\ln4}}+\frac{1}{e^{\ln2}}=-\frac{1}{4}+\frac{1}{2}=\frac{1}{4}.$$

5. 设随机变量 X 的密度函数为

（1）$f(x)=\begin{cases}2\left(1-\dfrac{1}{x^2}\right), & 1\leqslant x\leqslant2,\\ 0, & 其他;\end{cases}$

（2）$f(x)=\begin{cases}x, & 0\leqslant x<1,\\ 2-x, & 1\leqslant x<2,\\ 0, & 其他,\end{cases}$

求 X 的分布函数 $F(x)$.

解 (1) $\forall x \in (-\infty, +\infty)$, $F(x) = \int_{-\infty}^{x} f(t) \mathrm{d}t$.

当 $x < 1$ 时, $F(x) = \int_{-\infty}^{x} f(t) \mathrm{d}t = \int_{-\infty}^{x} 0 \mathrm{d}t = 0$;

当 $1 \leqslant x < 2$ 时,

$$F(x) = \int_{-\infty}^{x} f(t) \mathrm{d}t = \int_{-\infty}^{1} 0 \mathrm{d}t + \int_{1}^{x} 2\left(1 - \frac{1}{t^2}\right) \mathrm{d}t$$

$$= \left(2t + \frac{2}{t}\right)\Big|_{1}^{x} = 2x + \frac{2}{x} - 4;$$

当 $x \geqslant 1$ 时,

$$F(x) = \int_{-\infty}^{x} f(t) \mathrm{d}t = \int_{-\infty}^{1} 0 \mathrm{d}t + \int_{1}^{2} 2\left(1 - \frac{1}{t^2}\right) \mathrm{d}t + \int_{2}^{x} 0 \mathrm{d}t$$

$$= \left(2t + \frac{2}{t}\right)\Big|_{1}^{2} = 1.$$

综合上述得

$$F(x) = \begin{cases} 0, & x < 1, \\ 2x + \dfrac{2}{x} - 4, & 1 \leqslant x < 2, \\ 1, & x \geqslant 2. \end{cases}$$

(2) $\forall x \in (-\infty, +\infty)$, $F(x) = \int_{-\infty}^{x} f(t) \mathrm{d}t$.

当 $x < 0$ 时, $F(x) = \int_{-\infty}^{x} f(t) \mathrm{d}t = \int_{-\infty}^{x} 0 \mathrm{d}t = 0$;

当 $0 \leqslant x < 1$ 时,

$$F(x) = \int_{-\infty}^{x} f(t) \mathrm{d}t = \int_{-\infty}^{0} 0 \mathrm{d}t + \int_{0}^{x} t \mathrm{d}t = \frac{t^2}{2}\Big|_{0}^{x} = \frac{x^2}{2};$$

当 $1 \leqslant x < 2$ 时,

$$F(x) = \int_{-\infty}^{x} f(t) \mathrm{d}t = \int_{-\infty}^{0} 0 \mathrm{d}t + \int_{0}^{1} t \mathrm{d}t + \int_{1}^{x} (2 - t) \mathrm{d}t$$

$$= \frac{t^2}{2}\Big|_{0}^{1} + \left(2t - \frac{t^2}{2}\right)\Big|_{1}^{x}$$

$$= \frac{1}{2} + \left(2x - \frac{x^2}{2}\right) - \left(2 - \frac{1}{2}\right) = -\frac{x^2}{2} + 2x - 1;$$

当 $x \geqslant 2$ 时,

$$F(x) = \int_{-\infty}^{x} f(t) \mathrm{d}t = \int_{-\infty}^{0} 0 \mathrm{d}t + \int_{0}^{1} t \mathrm{d}t + \int_{1}^{2} (2 - t) \mathrm{d}t + \int_{2}^{x} 0 \mathrm{d}t$$

$$= \frac{t^2}{2} \Big|_0^1 + \left(2t - \frac{t^2}{2}\right) \Big|_1^2 = \frac{1}{2} + \left(2 \times 2 - \frac{2^2}{2}\right) - \left(2 - \frac{1}{2}\right) = 1.$$

综合上述得

$$F(x) = \begin{cases} 0, & x < 0, \\ \dfrac{x^2}{2}, & 0 \leqslant x < 1, \\ -\dfrac{x^2}{2} + 2x - 1, & 1 \leqslant x < 2, \\ 1, & x \geqslant 2. \end{cases}$$

6. 设顾客在某银行的窗口等待服务的时间 X(以 min 计)服从指数分布,其密度函数为

$$f(x) = \begin{cases} \dfrac{1}{5} e^{-\frac{x}{5}}, & x > 0, \\ 0, & \text{其他}, \end{cases}$$

某顾客在窗口等待服务,若超过 10min,他就离开. 他一个月要到银行 5 次,以 Y 表示一个月内他未等到服务而离开窗口的次数. 试求 Y 的分布律及概率 $P\{Y \geqslant 1\}$.

解 由题意可知:某顾客离开而未等到服务的概率为

$$p = P\{X > 10\} = \int_{10}^{+\infty} f(x) \mathrm{d}x = \int_{10}^{+\infty} \frac{1}{5} e^{-\frac{x}{5}} \mathrm{d}x = -e^{-\frac{x}{5}} \Big|_{10}^{+\infty} = e^{-2},$$

因此,他一个月到银行 5 次中未等到服务的次数 Y 服从二项分布 $B(5, e^{-2})$,即

$$P\{Y = k\} = C_5^k e^{-2k} (1 - e^{-2})^{5-k}, \quad k = 0, 1, 2, 3, 4, 5,$$

所以 $\qquad P\{Y \geqslant 1\} = 1 - P\{Y = 0\} = 1 - (1 - e^{-2})^5 \approx 0.5167.$

7. 某地抽样调查结果表明,考生的外语成绩(百分制)近似地服从正态分布,平均成绩为 72 分,96 分以上人数占考生总数的 2.3%,试求考生的外语成绩在 60~84 分之间的概率.

解 据题意,考生的外语成绩 $X \sim N(72, \sigma^2)$,且 $P\{X > 96\} = 0.023$,于是

$$P\{X \leqslant 96\} = 1 - P\{X > 96\} = 1 - 0.023 = 0.977.$$

又因为 $\qquad P\{X \leqslant 96\} = \Phi\left(\dfrac{96 - \mu}{\sigma}\right) = \Phi\left(\dfrac{96 - 72}{\sigma}\right) = \Phi\left(\dfrac{24}{\sigma}\right),$

所以应有 $\qquad \Phi\left(\dfrac{24}{\sigma}\right) = 0.977,$

经查标准正态分布表得 $\dfrac{24}{\sigma} \approx 2$,从而 $\sigma \approx 12$,因此 $X \sim N(72, 12^2)$,故

$$P\{60 \leqslant X \leqslant 84\} = \Phi\left(\frac{84-72}{12}\right) - \Phi\left(\frac{60-72}{12}\right) = \Phi(1) - \Phi(-1) = 2\Phi(1) - 1,$$

查表得 $\Phi(1) = 0.841$，所以

$$P\{60 \leqslant X \leqslant 84\} = 2 \times 0.841 - 1 = 0.682.$$

8. 设随机变量 X 的分布律为

X	0	$\frac{\pi}{2}$	π	$\frac{3\pi}{2}$
p_k	0.3	0.2	0.4	0.1

求下列随机变量 Y 的分布律.

(1) $Y = (2X - \pi)^2$；　(2) $Y = \cos(2X - \pi)$.

解　(1) 由随机变量 X 的分布律可得如下表格：

$Y = (2X-\pi)^2$	π^2	0	π^2	$4\pi^2$
p_k	0.3	0.2	0.4	0.1

整理得到 $Y = (2X - \pi)^2$ 的分布律为

Y	0	π^2	$4\pi^2$
p_k	0.2	0.7	0.1

(2) 类似地，由随机变量 X 的分布律可得如下表格：

$Y = \cos(2X-\pi)$	-1	1	-1	1
p_k	0.3	0.2	0.4	0.1

整理得到 $Y = \cos(2X - \pi)$ 的分布律为

Y	-1	1
p_k	0.7	0.3

9. 设 $X \sim N(0, 1)$，求下列随机变量 Y 的密度函数：

(1) $Y = 2X - 1$；　(2) $Y = \mathrm{e}^{-X}$；　(3) $Y = X^2$.

解　X 的密度函数为

$$f_X(x) = \frac{1}{\sqrt{2\pi}} \mathrm{e}^{-\frac{x^2}{2}} \quad (-\infty < x < +\infty).$$

(1) $Y = 2X - 1$ 的分布函数为

$$F_Y(y) = P\{Y \leqslant y\} = P\{2X - 1 \leqslant y\} = P\left\{X \leqslant \frac{y+1}{2}\right\} = F_X\left(\frac{y+1}{2}\right),$$

所以 $Y = 2X - 1$ 的密度函数为

$$f_Y(y) = f_X\left(\frac{y+1}{2}\right) \cdot \frac{1}{2} = \frac{1}{\sqrt{2\pi}}e^{-\frac{\left(\frac{y+1}{2}\right)^2}{2}} \cdot \frac{1}{2} = \frac{1}{2\sqrt{2\pi}}e^{-\frac{(y+1)^2}{8}}, \quad -\infty < y < +\infty.$$

(2) $Y = e^{-X}$ 的分布函数为
$$F_Y(y) = P\{Y \leqslant y\} = P\{e^{-X} \leqslant y\}.$$

当 $y \leqslant 0$ 时，$F_Y(y) = 0$；

当 $y > 0$ 时，
$$F_Y(y) = P\{X \geqslant -\ln y\} = 1 - P\{X < -\ln y\} = 1 - F_X(-\ln y),$$

所以 $Y = e^{-X}$ 的密度函数为

$$f_Y(y) = F'_Y(y) = f_X(-\ln y) \cdot \frac{1}{y} = \begin{cases} \dfrac{1}{y\sqrt{2\pi}}e^{-\frac{(-\ln y)^2}{2}}, & y > 0, \\ 0, & y \leqslant 0. \end{cases}$$

(3) $Y = X^2$ 的分布函数为
$$F_Y(y) = P\{Y \leqslant y\} = P\{X^2 \leqslant y\}.$$

当 $y < 0$ 时，$F_Y(y) = P\{X^2 \leqslant y\} = 0$；

当 $y \geqslant 0$ 时，
$$F_Y(y) = P\{X^2 \leqslant y\} = P\{-\sqrt{y} < X < \sqrt{y}\}$$
$$= \int_{-\sqrt{y}}^{\sqrt{y}} f_X(t)\,\mathrm{d}t = 2\int_0^{\sqrt{y}} f_X(t)\,\mathrm{d}t,$$

所以 $Y = X^2$ 的密度函数为

$$f_Y(y) = F'_Y(y) = 2f_X(\sqrt{y}) \cdot \frac{1}{2\sqrt{y}} = \begin{cases} \dfrac{1}{\sqrt{2\pi y}}e^{-y/2}, & y > 0, \\ 0, & y \leqslant 0. \end{cases}$$

10. 设随机变量 $X \sim U(0, \pi)$，求下列随机变量 Y 的密度函数：

(1) $Y = 2\ln X$；　　(2) $Y = \cos X$；　　(3) $Y = \sin X$.

解 X 的密度函数为

$$f(x) = \begin{cases} \dfrac{1}{\pi}, & 0 < x < \pi, \\ 0, & \text{其他}. \end{cases}$$

(1) 设 $Y = 2\ln X$，则有
$$F_Y(y) = P\{Y \leqslant y\} = P\{2\ln X \leqslant y\} = P\{X \leqslant e^{\frac{y}{2}}\} = F_X(e^{\frac{y}{2}}),$$

所以
$$f_Y(y) = f_X(e^{\frac{y}{2}}) \cdot \frac{1}{2}e^{\frac{y}{2}}$$
$$= \begin{cases} \dfrac{1}{\pi} \cdot \dfrac{1}{2}e^{\frac{y}{2}}, & 0 < e^{\frac{y}{2}} < \pi, \\ 0, & \text{其他} \end{cases}$$

$$=\begin{cases} \dfrac{1}{2\pi}e^{\frac{y}{2}}, & -\infty<y<2\ln\pi, \\ 0, & \text{其他}; \end{cases}$$

（2）设 $Y=\cos X$，由于在区间$(0，\pi)$上是严格单调递减函数，则有

$$f_Y(y)=f_X(\arccos y)\cdot|(\arccos y)'|$$

$$=\begin{cases} \dfrac{1}{\pi}\dfrac{1}{\sqrt{1-y^2}}, & 0<\arccos y<\pi, \\ 0, & \text{其他} \end{cases}$$

$$=\begin{cases} \dfrac{1}{\pi}\dfrac{1}{\sqrt{1-y^2}}, & -1<y<1, \\ 0, & \text{其他}; \end{cases}$$

（3）设 $Y=\sin X$，则 $F_Y(y)=P\{Y\leqslant y\}=P\{\sin X\leqslant y\}$.

因为 $X\sim U(0，\pi)$，所以 $\sin X\in(0，1)$，故

当 $y\leqslant 0$ 或 $y\geqslant 1$ 时，

$$F_Y(y)=P\{\sin X\leqslant y\}=0;$$

当 $0<y<1$ 时，

$$F_Y(y)=P\{\sin X\leqslant y\}=P\{0<X\leqslant\arcsin y\}+P\{\pi-\arcsin y\leqslant X\leqslant\pi\}$$

$$=\int_0^{\arcsin y}\frac{1}{\pi}\mathrm{d}x+\int_{\pi-\arcsin y}^{\pi}\frac{1}{\pi}\mathrm{d}x=\frac{2\arcsin y}{\pi},$$

故所求密度函数为

$$f_Y(y)=\begin{cases} \dfrac{2}{\pi}\dfrac{1}{\sqrt{1-y^2}}, & 0<y<1, \\ 0, & \text{其他}. \end{cases}$$

六、自测题

1. 填空题（每小题 3 分，共 15 分）

（1）设随机变量 X 的分布律为

X	0	$\dfrac{\pi}{2}$	π
p_k	$\dfrac{1}{4}$	$\dfrac{1}{2}$	$\dfrac{1}{4}$

则 X 的分布函数 $F(x)$ 为_____，$Y=\dfrac{2}{3}X+2$ 的分布律为_____.

（2）设随机变量 X 的分布律为 $P\{X=k\}=A\dfrac{\lambda^k}{k!}$，$k=1，2，\cdots，\lambda>0$，则

常数 $A=$_____.

(3) 若随机变量 X 的密度函数为 $f(x)=\begin{cases}\lambda e^{-\lambda x}, & x>0, \\ 0, & x\leqslant 0,\end{cases}$ 则当 $C=$_____ 时，有 $P\{X\geqslant C\}=\dfrac{1}{2}$.

(4) 设随机变量 X 的密度函数为 $f(x)=\begin{cases}2x, & 0<x<1, \\ 0, & 其他,\end{cases}$ 对 X 进行三次独立重复观察，用 Y 表示事件 $\left\{X\leqslant\dfrac{1}{2}\right\}$ 出现的次数，则 $P\{Y=2\}=$_____.

(5) 设连续型随机变量 X 的分布函数为

$$F(x)=\begin{cases} 0, & x<0, \\ A\sin x, & 0\leqslant x\leqslant\dfrac{\pi}{2}, \\ 1, & x>\dfrac{\pi}{2}, \end{cases}$$

则 $A=$_____，$P\left\{|X|<\dfrac{\pi}{6}\right\}=$_____.

2. 单项选择题（每小题 3 分，共 9 分）

(1) 设随机变量 X 的密度函数为 $f(x)$，且 $f(-x)=f(x)$，$F(x)$ 是 X 的分布函数，则对任意实数 a 有（ ）.

    (A) $F(-a)=1-\displaystyle\int_0^a f(x)\mathrm{d}x$；   (B) $F(-a)=\dfrac{1}{2}-\displaystyle\int_0^a f(x)\mathrm{d}x$；

    (C) $F(-a)=F(a)$；   (D) $F(-a)=2F(a)-1$.

(2) 下述函数中，可作为某个随机变量的分布函数的是（ ）.

    (A) $F(x)=\dfrac{1}{1+x^2}$；

    (B) $F(x)=\dfrac{1}{2}+\dfrac{1}{\pi}\arctan x$；

    (C) $F(x)=\begin{cases}\dfrac{1}{2}(1-e^{-x}), & x>0, \\ 0, & x\leqslant 0;\end{cases}$

    (D) $F(x)=\displaystyle\int_{-\infty}^x f(t)\mathrm{d}t$，其中 $\displaystyle\int_{-\infty}^{+\infty} f(t)\mathrm{d}t=1$.

(3) 设 X_1，X_2 是随机变量，它们的分布函数分别为 $F_1(x)$，$F_2(x)$，为使 $F(x)=aF_1(x)-bF_2(x)$ 是某一随机变量的分布函数，在下列给出的各组数中应取（ ）.

(A) $a=\dfrac{3}{5}$, $b=-\dfrac{2}{5}$;　　　　　　(B) $a=\dfrac{2}{3}$, $b=\dfrac{2}{3}$;

(C) $a=-\dfrac{1}{2}$, $b=\dfrac{3}{2}$;　　　　　　(D) $a=\dfrac{1}{2}$, $b=\dfrac{3}{2}$.

3. 计算题(共 76 分)

(1) 一个工人在一台机器上独立地生产了三个同种零件,第 i 个零件不合格的概率为 $p_i=\dfrac{1}{i+1}(i=1,2,3)$,以 X 表示三个零件中合格品的个数,求 X 的分布律.(10 分)

(2) 设随机变量 X 的密度函数为

$$f(x)=\begin{cases}2x, & 0<x<1, \\ 0, & \text{其他},\end{cases}$$

现对 X 进行 n 次独立重复观测,以 V_n 表示观测值不大于 0.1 的次数,求 V_n 的分布律.(10 分)

(3) 设随机变量 $X\sim U[2,5]$,对 X 进行三次独立观测,求至少有两次观测值大于 3 的概率.(10 分)

(4) 设测量的随机误差 $X\sim N(20,40^2)$,试求在三次重复测量中,至少有一次误差的绝对值不大于 30 的概率.(10 分)

(5) 设连续型随机变量 X 的密度函数为

$$f(x)=\begin{cases}\dfrac{k}{\sqrt{1-x^2}}, & -1<x<1, \\ 0, & \text{其他},\end{cases}$$

① 确定常数 k;② 求 X 落在 $\left(-\dfrac{1}{2},\dfrac{1}{2}\right)$ 内的概率.(12 分)

(6) 设连续型随机变量 X 的密度函数为

$$f(x)=\begin{cases}\dfrac{1}{2}\mathrm{e}^x, & x<0, \\ \dfrac{1}{4}, & 0\leqslant x<2, \\ 0, & x\geqslant 2,\end{cases}$$

试求 X 的分布函数 $F(x)$.(10 分)

(7) 设连续型随机变量 X 的密度函数为

$$f_X(x)=\begin{cases}\dfrac{2}{\pi(x^2+1)}, & x>0, \\ 0, & x\leqslant 0,\end{cases}$$

求:① $Y=X^3$ 的密度函数;② $Y=\ln X$ 的密度函数.(14 分)

七、自测题参考答案

1. 填空题

(1) $F(x) = \begin{cases} 0, & x < 0, \\ \dfrac{1}{4}, & 0 \leqslant x < \dfrac{\pi}{2}, \\ \dfrac{3}{4}, & \dfrac{\pi}{2} \leqslant x < \pi, \\ 1, & x \geqslant \pi; \end{cases}$

Y	2	$2 + \dfrac{\pi}{3}$	$2 + \dfrac{2}{3}\pi$
P	$\dfrac{1}{4}$	$\dfrac{1}{2}$	$\dfrac{1}{4}$

(2) $\dfrac{1}{e^\lambda - 1}$;　(3) $\dfrac{1}{\lambda}\ln 2$;　(4) $\dfrac{9}{64}$;　(5) 1，$\dfrac{1}{2}$.

2. 单项选择题

(1) B;　　(2) B;　　(3) A.

3. 计算题

(1) **解**　由题设可得如下数据表：

第 i 个零件	不合格率	合格率
1	$\dfrac{1}{2}$	$\dfrac{1}{2}$
2	$\dfrac{1}{3}$	$\dfrac{2}{3}$
3	$\dfrac{1}{4}$	$\dfrac{3}{4}$

因此，$P\{X=0\} = \dfrac{1}{2} \times \dfrac{1}{3} \times \dfrac{1}{4} = \dfrac{1}{24}$,

$\quad P\{X=1\} = \dfrac{1}{2} \times \dfrac{1}{3} \times \dfrac{1}{4} + \dfrac{1}{2} \times \dfrac{2}{3} \times \dfrac{1}{4} + \dfrac{1}{2} \times \dfrac{1}{3} \times \dfrac{3}{4} = \dfrac{1}{4}$,

$\quad P\{X=2\} = \dfrac{1}{2} \times \dfrac{2}{3} \times \dfrac{1}{4} + \dfrac{1}{2} \times \dfrac{1}{3} \times \dfrac{3}{4} + \dfrac{1}{2} \times \dfrac{2}{3} \times \dfrac{3}{4} = \dfrac{11}{24}$,

$\quad P\{X=3\} = \dfrac{1}{2} \times \dfrac{2}{3} \times \dfrac{3}{4} = \dfrac{1}{4}$,

故 X 的分布律为

X	0	1	2	3
P	$\dfrac{1}{24}$	$\dfrac{1}{4}$	$\dfrac{11}{24}$	$\dfrac{1}{4}$

(2) **解**　因为 $P\{0 < X \leqslant 0.1\} = \displaystyle\int_0^{0.1} 2x \, dx = 0.01$,

$$P\{x > 0.1\} = \int_{0.1}^{1} 2x \, dx = 0.99 \, ,$$

所以 V_n 的概率分布为

$$P\{V_n = k\} = C_n^k (0.01)^k (0.99)^{n-k}, \quad k = 0, 1, 2, \cdots, n,$$

即 $V_n \sim B(n, 0.01)$.

(3) **解**　由题设知：X 的密度函数为

$$f(x) = \begin{cases} \dfrac{1}{3}, & x \in [2, 5], \\ 0, & x \notin [2, 5], \end{cases}$$

故

$$P\{X > 3\} = \int_{3}^{5} \frac{1}{3} \, dx + \int_{5}^{+\infty} 0 \, dx = \frac{2}{3} \, ,$$

$$P\{X < 3\} = \int_{-\infty}^{2} 0 \, dx + \int_{2}^{3} \frac{1}{3} \, dx = \frac{1}{3} \, ,$$

从而三次独立观测中，至少有两次观测值大于 3 的概率为

$$C_3^2 \left(\frac{2}{3}\right)^2 \frac{1}{3} + \left(\frac{2}{3}\right)^3 = \frac{20}{27}.$$

(4) **解**　由题设可知：

$$P\{|X| \leqslant 30\} = P\{-30 \leqslant X \leqslant 30\} = F(30) - F(-30)$$

$$= \Phi\left(\frac{30 - 20}{40}\right) - \Phi\left(\frac{-30 - 20}{40}\right) = \Phi(0.25) - \Phi(-1.25)$$

$$= \Phi(0.25) - [1 - \Phi(1.25)]$$

$$\approx 0.5987 - (1 - 0.8944) = 0.4931,$$

所以，至少有一次误差的绝对值不大于 30 的概率为

$$1 - (1 - 0.4931)^3 \approx 0.8698.$$

(5) **解**　① 因为　　$\displaystyle\int_{-1}^{1} \frac{k}{\sqrt{1-x^2}} \, dx = k \arcsin x \Big|_{-1}^{1} = 1 \, ,$

所以 $k = \dfrac{1}{\pi}$.

② $\displaystyle P\left\{-\frac{1}{2} < X < \frac{1}{2}\right\} = \int_{-\frac{1}{2}}^{\frac{1}{2}} \frac{1}{\pi} \frac{1}{\sqrt{1-x^2}} \, dx$

$$= \frac{1}{\pi} \left[\arcsin \frac{1}{2} - \arcsin\left(-\frac{1}{2}\right)\right] = \frac{1}{3}.$$

(6) **解**　当 $x < 0$ 时，

$$F(x) = P\{X < x\} = \int_{-\infty}^{x} \frac{1}{2} e^t \, dt = \frac{1}{2} e^t \Big|_{-\infty}^{x} = \frac{1}{2} e^x ;$$

当 $0 \leqslant x < 2$ 时，

$$F(x) = P\{X < x\} = \int_{-\infty}^{0} \frac{1}{2} e^t dt + \int_{0}^{x} \frac{1}{4} dt = \frac{1}{2} e^t \Big|_{-\infty}^{0} + \frac{1}{4} t \Big|_{0}^{x} = \frac{1}{2} + \frac{1}{4} x ;$$

当 $x \geqslant 2$ 时,

$$F(x) = P\{X < x\} = \int_{-\infty}^{0} \frac{1}{2} e^t dt + \int_{0}^{2} \frac{1}{4} dt + \int_{2}^{x} 0 dt$$

$$= \frac{1}{2} e^t \Big|_{-\infty}^{0} + \frac{1}{4} t \Big|_{0}^{2} + 0 = \frac{1}{2} + \frac{1}{2} = 1 ,$$

所以 X 的分布函数为

$$F(x) = \begin{cases} \dfrac{1}{2} e^x , & x < 0, \\[2mm] \dfrac{1}{2} + \dfrac{x}{4} , & 0 \leqslant x < 2, \\[2mm] 1, & x \geqslant 2. \end{cases}$$

(7) **解** ① 因为函数 $y = x^3$ 是严格单调递增函数,且其反函数为 $x = \sqrt[3]{y}$,所以 $Y = X^3$ 的密度函数为

$$f_Y(y) = f_X(\sqrt[3]{y}) \left| (\sqrt[3]{y})' \right| = \begin{cases} \dfrac{2}{\pi(\sqrt[3]{y^2} + 1)} \cdot \dfrac{1}{3} \cdot y^{-\frac{2}{3}}, & \sqrt[3]{y} > 0, \\[2mm] 0, & \sqrt[3]{y} \leqslant 0, \end{cases}$$

即

$$f_Y(y) = \begin{cases} \dfrac{2}{3\pi \cdot (\sqrt[3]{y^2} + 1) \cdot \sqrt[3]{y^2}}, & y > 0, \\[2mm] 0, & y \leqslant 0. \end{cases}$$

② 因为函数 $y = \ln x$ 是严格单调递增函数,且其反函数为 $x = e^y$,所以 $Y = \ln X$ 的密度函数为

$$f_Y(y) = f_X(e^y) \left| (e^y)' \right| = \begin{cases} \dfrac{2}{\pi(e^{2y} + 1)} \cdot e^y, & e^y > 0, \\[2mm] 0, & e^y \leqslant 0, \end{cases}$$

即

$$f_Y(y) = \frac{2e^y}{\pi(e^{2y} + 1)}, \quad -\infty < y < +\infty.$$

第3章 多维随机变量及其分布

在许多实际问题中，随机试验的结果需要同时用两个或两个以上的随机变量来描述，而这些随机变量之间一般来说又有某种联系，因此要把这些随机变量作为一个整体来研究，这就是多维随机变量．本章主要讨论二维随机变量的知识，相关的概念和结论可以推广到 n 维随机变量．

一、基本要求

1. 掌握二维随机变量的联合分布函数的定义和性质，会利用这些知识求一些事件发生的概率．

2. 掌握二维离散型随机变量的联合分布律、二维连续型随机变量的联合分布密度的定义及性质，会利用联合分布律与联合分布密度函数求一些事件发生的概率．

3. 理解边缘分布的概念，掌握边缘分布律、边缘密度函数的计算方法．

4. 了解条件分布的概念，会计算二维随机变量的条件分布律和条件密度函数，理解联合分布、条件分布和边缘分布之间的关系．

5. 理解两个随机变量相互独立的概念，掌握判断两个随机变量相互独立的方法，理解二维随机变量两个分量之间独立时，联合分布、边缘分布、条件分布三者之间的关系．

6. 理解求二维随机变量的简单函数的分布函数、分布律和分布密度的一般方法，掌握卷积公式．

7. 掌握二维均匀分布、正态分布的相关知识．

二、知识要点

1. 二维随机变量的分布

（1）**联合分布函数的定义**：设 $(X，Y)$ 是二维随机变量，对于任意实数 x，y，称二元函数 $F(x，y) = P\{X \leqslant x，Y \leqslant y\}$ 为二维随机变量 $(X，Y)$ 的联合分布函数，简称为分布函数．

可见，二维随机变量的联合分布函数是事件 $A=\{X\leqslant x\}$ 与事件 $B=\{Y\leqslant y\}$ 同时发生的概率，也是二维随机变量 $(X，Y)$ 取值落在如图 3-1 所示的左下无界区域内的概率.

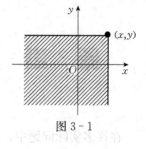

图 3-1

（2）**联合分布函数的性质**：

性质1 $F(x，y)$ 分别关于 x 和 y 单调不减.

性质2 $F(x，y)$ 分别关于 x 和 y 处处右连续.

性质3 $\forall x，y\in\mathbf{R}$，$0\leqslant F(x，y)\leqslant 1$；

$$\lim_{y\to-\infty} F(x，y)=F(x，-\infty)=0;$$

$$\lim_{x\to-\infty} F(x，y)=F(-\infty，y)=0;$$

$$\lim_{\substack{x\to-\infty\\y\to-\infty}} F(x，y)=F(-\infty，-\infty)=0;$$

$$\lim_{\substack{x\to+\infty\\y\to+\infty}} F(x，y)=F(+\infty，+\infty)=1.$$

（3）**二维离散型随机变量**：若 $(X，Y)$ 只能取有限对或可列对值，则称为二维离散型随机变量，称基本事件的概率 $P\{X=x_i，Y=y_j\}=p_{ij}$，$i，j=1$，2，$\cdots$ 为二维离散型随机变量的联合分布律.

由概率的性质知，p_{ij} 满足：

① $p_{ij}\geqslant 0$，$i，j=1，2，\cdots$；

② $\sum_i\sum_j p_{ij}=1$.

（4）**二维连续型随机变量**：若二维随机变量 $(X，Y)$ 的分布函数可表示为如下形式：

$$F(x，y)=\int_{-\infty}^{y}\int_{-\infty}^{x} f(u，v)\mathrm{d}u\mathrm{d}v，$$

其中 $f(x，y)$ 为非负函数，则称二维随机变量 $(X，Y)$ 为连续型随机变量，非负函数 $f(x，y)$ 称为连续型随机变量 $(X，Y)$ 的联合密度函数.

联合密度函数具有以下性质：

① **非负性**：$f(x，y)\geqslant 0$，$\forall (x，y)\in\mathbf{R}^2$；

② **规范性**：$\int_{-\infty}^{+\infty}\int_{-\infty}^{+\infty} f(x，y)\mathrm{d}x\mathrm{d}y=F(+\infty，+\infty)=1$；

③ 如果 $f(x，y)$ 在点 $(x，y)$ 处连续，则有 $\dfrac{\partial^2 F(x，y)}{\partial x\partial y}=f(x，y)$.

④ 设 D 是二维平面上的一个区域，二维连续型随机变量 $(X，Y)$ 落在 D 内的概率等于密度函数 $f(x，y)$ 在区域 D 上的二重积分，即

$$P\{(X,\ Y)\in D\}=\iint\limits_{D}f(x,\ y)\mathrm{d}x\mathrm{d}y.$$

2. 二维随机变量的边缘分布

（1）**边缘分布函数**：二维随机变量 $(X,\ Y)$ 的两个分量都是一维随机变量，都有各自的分布函数，分别记为 $F_X(x)$ 和 $F_Y(y)$，分别称它们为二维随机变量 $(X,\ Y)$ 关于 X 和 Y 的边缘分布函数．二维随机变量的联合分布可确定它的两个边缘分布，即有

$$F_X(x)=P\{X\leqslant x\}=P\{X\leqslant x,\ Y\leqslant+\infty\}=F(x,\ +\infty),$$
$$F_Y(y)=P\{Y\leqslant y\}=P\{X\leqslant+\infty,\ Y\leqslant y\}=F(+\infty,\ y).$$

（2）**二维离散型随机变量的边缘分布律**：若二维离散型随机变量 $(X,\ Y)$ 的联合分布律为

$$P\{X=x_i,\ Y=y_j\}=p_{ij},\ i,\ j=1,\ 2,\ \cdots,$$

则 X 的边缘分布律为

$$P\{X=x_i\}=\sum_j p_{ij}=p_i.\ ,\ i=1,\ 2,\ \cdots,$$

Y 的边缘分布律为

$$P\{Y=y_j\}=\sum_i p_{ij}=p._j,\ j=1,\ 2,\ \cdots.$$

（3）**二维连续型随机变量的边缘密度函数**：若二维连续型随机变量 $(X,\ Y)$ 的联合密度函数为 $f(x,\ y)$，则 X 的边缘密度函数为

$$f_X(x)=\int_{-\infty}^{+\infty}f(x,\ y)\mathrm{d}y,$$

Y 的边缘密度函数为

$$f_Y(y)=\int_{-\infty}^{+\infty}f(x,\ y)\mathrm{d}x.$$

3. 二维随机变量的条件分布

设有两个随机变量 X 和 Y，在已知 Y 取定某个值或某些值的条件下 X 的分布称为 X 的条件分布．

离散型随机变量 X 在 $\{Y=y_j\}$ 发生下的条件分布律为

$$P\{X=x_i\,|\,Y=y_j\}=\frac{P\{X=x_i,\ Y=y_j\}}{P\{Y=y_j\}}=\frac{p_{ij}}{p._j}=\frac{p_{ij}}{\sum\limits_i p_{ij}},\ i=1,\ 2,\ \cdots.$$

连续型随机变量 X 在条件 $Y=y$ 下的条件分布函数定义为

$$F_{X|Y}(x|y)=\lim_{\varepsilon\to0^+}\frac{P\{X\leqslant x,\ y-\varepsilon<Y\leqslant y+\varepsilon\}}{P\{y-\varepsilon<Y\leqslant y+\varepsilon\}}.$$

若二维连续型随机变量 $(X,\ Y)$ 的联合密度函数 $f(x,\ y)$ 在点 $(x,\ y)$ 处连续，边缘密度函数 $f_Y(y)$ 在点 y 处连续，且 $f_Y(y)>0$，则在条件 $Y=y$ 下 X

的条件密度函数为

$$f_{X|Y}(x|y) = \frac{f(x, y)}{f_Y(y)},$$

此时，随机变量 X 在 $Y=y$ 下的条件分布函数为

$$F_{X|Y}(x|y) = \frac{\int_{-\infty}^{x} f(u, y)\mathrm{d}u}{f_Y(y)}.$$

4. 随机变量的相互独立性

设 $F(x, y)$ 及 $F_X(x)$，$F_Y(y)$ 分别是二维随机变量 (X, Y) 的联合分布函数及边缘分布函数，若对任意的实数 x 和 y，都有

$$F(x, y) = F_X(x)F_Y(y),$$

则称随机变量 X 和 Y 相互独立.

离散型随机变量 X 和 Y 相互独立等价于

$$P\{X=x_i, Y=y_j\} = P\{X=x_i\}P\{Y=y_j\}, \ i, j=1, 2, \cdots,$$

即

$$p_{ij} = p_{i\cdot} \, p_{\cdot j}, \ \forall i, j=1, 2, \cdots.$$

连续型随机变量 X 和 Y 相互独立等价于在 $f(x, y)$ 的连续点 (x, y) 处均有

$$f(x, y) = f_X(x)f_Y(y).$$

显然，当二维随机变量 (X, Y) 的两个分量相互独立时，其条件分布就是其边缘分布.

5. 二维随机变量的函数的分布

二维随机变量 (X, Y) 的函数 $Z=g(X, Y)$ 是一个一维随机变量，我们可以通过二维随机变量 (X, Y) 的联合分布来确定 Z 的分布.

(1) 离散型随机变量 (X, Y) 的函数 $Z=g(X, Y)$ 的分布律为

$$P\{Z=z_k\} = \sum_{\substack{z_k=g(x_i, \, y_j) \\ i,j}} P\{X=x_i, Y=y_j\}, \ k=1, 2, \cdots.$$

特别地，当二维离散型随机变量 (X, Y) 的两个分量相互独立时，对于和函数 $Z=X+Y$ 的分布函数，我们有离散型卷积公式

$$P\{Z=z_i\} = \sum_k P\{X=x_k\}P\{Y=z_i-x_k\}, \ i=1, 2, \cdots.$$

(2) 如果 (X, Y) 是连续型随机变量，$z=g(x, y)$ 是连续函数，则 $Z=g(X, Y)$ 是一维连续型随机变量，其分布函数可通过随机变量 (X, Y) 的联合密度求得

$$F_Z(z) = P\{g(X, Y) \leqslant z\} = \iint_{g(x, \, y) \leqslant z} f(x, y)\mathrm{d}x\mathrm{d}y,$$

从而，我们可进一步求得 Z 的密度函数

$$f_Z(z) = \frac{\mathrm{d}F_Z(z)}{\mathrm{d}z}.$$

特别地，当二维连续型随机变量 (X, Y) 的两个分量独立时，对于和函数 $Z = X + Y$ 的密度函数，我们有连续型卷积公式

$$f_Z(z) = \int_{-\infty}^{+\infty} f_X(x) f_Y(z-x) \mathrm{d}x = \int_{-\infty}^{+\infty} f_X(z-y) f_Y(y) \mathrm{d}y.$$

6. 几个重要结论

（1）若二维连续型随机变量 (X, Y) 服从平面区域 D 上的均匀分布，则其密度函数为

$$f(x, y) = \begin{cases} \dfrac{1}{S_D}, & (x, y) \in D, \\ 0, & \text{其他}, \end{cases}$$

其中 S_D 是 D 的面积.

（2）若随机变量 (X, Y) 服从二维正态分布 $N(\mu_1, \mu_2, \sigma_1^2, \sigma_2^2, \rho)$，则它们的边缘分布仍服从正态分布，且 $X \sim N(\mu_1, \sigma_1^2)$，$Y \sim N(\mu_2, \sigma_2^2)$，故 X 与 Y 相互独立的充要条件是 $\rho = 0$.

（3）若 $X \sim P(\lambda_1)$，$Y \sim P(\lambda_2)$，且 X 和 Y 相互独立，则 $Z = X + Y \sim P(\lambda_1 + \lambda_2)$，这个性质称为泊松分布具有可加性.

（4）若 $X \sim N(\mu_1, \sigma_1^2)$，$Y \sim N(\mu_2, \sigma_2^2)$，且 X 和 Y 相互独立，则

$$Z = aX + bY \sim N(a\mu_1 + b\mu_2, a^2\sigma_1^2 + b^2\sigma_2^2).$$

（5）若 X 和 Y 相互独立，则

$$F_{\max(X,Y)}(z) = F_X(z) F_Y(z),$$
$$F_{\min(X,Y)}(z) = 1 - [1 - F_X(z)][1 - F_Y(z)].$$

三、典型例题

例 3.1 将两封信随机地投往编号为 $1, 2, 3, 4$ 的四个信箱，若用 X 和 Y 分别表示投入第 $1, 2$ 号信箱的信件数，试求：

（1）(X, Y) 的联合分布律和边缘分布律；

（2）在 $Y = 1$ 条件下，X 的条件分布律；

（3）$Z = X + Y$ 的分布律；

（4）概率 $P\{XY = 0\}$.

解 （1）依题意，(X, Y) 的所有可能取值数对有 $(0, 0)$，$(0, 1)$，$(0, 2)$，$(1, 0)$，$(1, 1)$，$(2, 0)$.

若$(X, Y)=(0, 0)$，意味着两封信投到了 3 号或 4 号信箱，故

$$P\{(X, Y)=(0, 0)\}=\frac{2^2}{4^2}=\frac{1}{4}.$$

类似地，可逐个求得以下概率：

$$P\{(X, Y)=(0, 1)\}=\frac{C_2^1 \times C_2^1}{4^2}=\frac{1}{4},$$

$$P\{(X, Y)=(0, 2)\}=\frac{1}{4^2}=\frac{1}{16},$$

$$P\{(X, Y)=(1, 0)\}=\frac{C_2^1 \times C_2^1}{4^2}=\frac{1}{4},$$

$$P\{(X, Y)=(1, 1)\}=\frac{A_2^2}{4^2}=\frac{1}{8},$$

$$P\{(X, Y)=(2, 0)\}=\frac{1}{4^2}=\frac{1}{16}.$$

因为 $P\{X=i\}=\sum\limits_{j=0}^{2}P\{X=i, Y=j\}$，$P\{Y=j\}=\sum\limits_{i=0}^{2}P\{X=i, Y=j\}$，故将联合分布律的各行、各列的概率相加就得到两个边缘分布，从而(X, Y)的联合分布律和边缘分布律如下表：

X＼Y	0	1	2	$p_i.$
0	$\frac{1}{4}$	$\frac{1}{4}$	$\frac{1}{16}$	$\frac{9}{16}$
1	$\frac{1}{4}$	$\frac{1}{8}$	0	$\frac{6}{16}$
2	$\frac{1}{16}$	0	0	$\frac{1}{16}$
$p._j$	$\frac{9}{16}$	$\frac{6}{16}$	$\frac{1}{16}$	

（2）根据离散型随机变量的条件分布的定义，在 $Y=1$ 的条件下，

$$P\{X=i|Y=1\}=\frac{P\{X=i, Y=1\}}{P\{Y=1\}}=\frac{p_{i1}}{p._1},$$

故在 $Y=1$ 的条件下，X 的条件分布律为

X	0	1	2
$\frac{p_{i1}}{p._1}$	$\frac{2}{3}$	$\frac{1}{3}$	0

（3）由(X, Y)的联合分布律可知，随机变量 $Z=X+Y$ 的可能取值为 0，1，2，各概率可用公式 $P\{Z=k\}=\sum\limits_{i+j=k}p_{ij}$ $(k=0, 1, 2)$计算，得 $Z=X+Y$

的分布律为

Z	0	1	2
P	$\dfrac{1}{4}$	$\dfrac{1}{2}$	$\dfrac{1}{4}$

（4）因为 $XY=0 \Leftrightarrow X=0$ 或 $Y=0$，故事件"$XY=0$"是事件"$X=0$"与事件"$Y=0$"的和事件，从而

$$P\{XY=0\}=P\{X=0\}+P\{Y=0\}-P\{X=Y=0\}=\frac{9}{16}+\frac{9}{16}-\frac{1}{4}=\frac{7}{8}.$$

题注：本例是考查二维离散型随机变量知识的典型问题：确定联合分布及边缘分布、求随机事件的概率、条件分布、随机变量的函数的分布等．在解决本例类似问题时，首先应分析清楚随机变量的取值情况，再确定相应的概率；应明白二维随机变量的边缘分布和条件分布都是由其联合分布决定的，反之，则不一定成立；涉及两个随机变量的事件的概率也是由联合分布决定的．

例 3.2　设 $(X，Y)$ 的密度函数为

$$f(x，y)=\begin{cases} kxy, & x \leqslant y < 1,\ 0 \leqslant x < 1, \\ 0, & \text{其他}. \end{cases}$$

（1）求常数 k；
（2）求 X，Y 的边缘密度函数 $f_X(x)$，$f_Y(y)$；
（3）判断 X，Y 是否相互独立；
（4）求概率 $P\{Y^2 < X\}$；
（5）求 $Z=X+Y$ 的密度函数．

解　（1）如图 3-2 所示，由联合分布密度函数的性质 $\displaystyle\int_{-\infty}^{+\infty}\int_{-\infty}^{+\infty} f(x，y)\mathrm{d}x\mathrm{d}y = 1$，可得

$$\int_0^1 \mathrm{d}x \int_x^1 kxy\mathrm{d}y = \int_0^1 kx\left(\frac{1}{2}-\frac{x^2}{2}\right)\mathrm{d}x = \frac{k}{8},$$

于是 $k=8$.

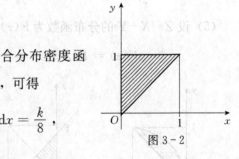

图 3-2

（2）由边缘密度函数的计算公式

$$f_X(x)=\int_{-\infty}^{+\infty} f(x，y)\mathrm{d}y，\quad f_Y(x)=\int_{-\infty}^{+\infty} f(x，y)\mathrm{d}x.$$

当 $0<x<1$ 时，

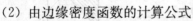
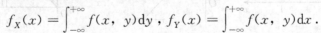

$$f_X(x)=\int_{-\infty}^{+\infty} f(x，y)\mathrm{d}y = \int_{-\infty}^{x} 0\mathrm{d}y + \int_x^1 8xy\mathrm{d}y + \int_1^{+\infty} 0\mathrm{d}y = 4x(1-x^2);$$

当 $x \leqslant 0$ 或 $x \geqslant 1$ 时，$\forall y \in \mathbf{R}$，$f(x，y)=0$，故

$$f_X(x) = \int_{-\infty}^{+\infty} f(x, y)\mathrm{d}y = \int_{-\infty}^{+\infty} 0\mathrm{d}y = 0,$$

所以，X 的边缘密度函数为

$$f_X(x) = \begin{cases} 4x(1-x^2), & 0 < x < 1, \\ 0, & \text{其他}. \end{cases}$$

类似地，求 Y 的边缘密度函数：

当 $0 < y < 1$ 时，

$$f_Y(y) = \int_{-\infty}^{+\infty} f(x,y)\mathrm{d}x = \int_{-\infty}^{0} 0\mathrm{d}x + \int_{0}^{y} 8xy\mathrm{d}x + \int_{y}^{+\infty} 0\mathrm{d}x = 4y^3;$$

当 $y \leqslant 0$ 或 $y \geqslant 1$ 时，$\forall x \in \mathbf{R}$，$f(x, y) = 0$，故

$$f_Y(y) = \int_{-\infty}^{+\infty} f(x, y)\mathrm{d}x = \int_{-\infty}^{+\infty} 0\mathrm{d}y = 0,$$

所以，Y 的边缘密度函数为

$$f_Y(y) = \begin{cases} 4y^3, & 0 < y < 1, \\ 0, & \text{其他}. \end{cases}$$

（3）因为 $f_X(x) \cdot f_Y(y) = \begin{cases} 16x(1-x^2)y^3, & 0 < x, \ y < 1, \\ 0, & \text{其他} \end{cases} \neq f(x, y),$

所以 X 与 Y 不相互独立.

（4）如图 3-3 所示，

$$P\{Y^2 < X\} = \iint_{y^2 < x} f(x, y)\mathrm{d}x\mathrm{d}y = \int_0^1 \mathrm{d}y\int_{y^2}^{y} 8xy\mathrm{d}x = \int_0^1 4(y^3 - y^5)\mathrm{d}y = \frac{1}{3}.$$

（5）设 $Z = X + Y$ 的分布函数为 $F(z)$，则

$$F(z) = P\{Z \leqslant z\} = \iint_{x+y \leqslant z} f(x, y)\mathrm{d}x\mathrm{d}y,$$

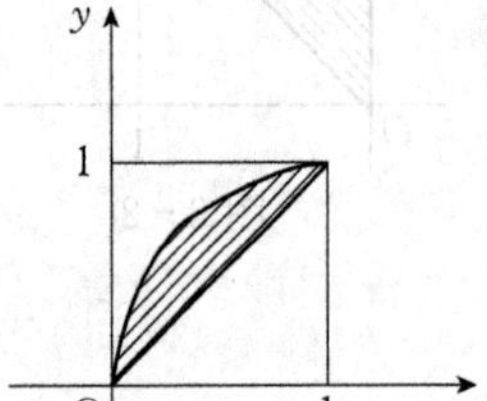

图 3-3 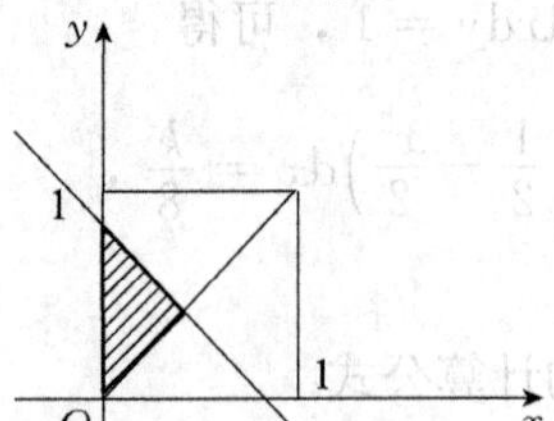　　　　　　图 3-4 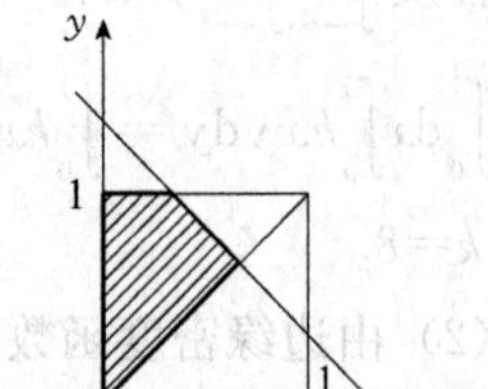　　　　　　图 3-5

当 $z < 0$ 时，$\forall (x, y) \in \{(x, y) \mid x + y \leqslant z\}$，有 $f(x, y) = 0$，故此时 $F(z) = 0$；

当 $0 < z \leqslant 1$ 时，如图 3-4 所示，

$$F(z) = \iint\limits_{x+y \leqslant z} f(x, y)\mathrm{d}x\mathrm{d}y = \int_0^{\frac{z}{2}} \mathrm{d}x \int_x^{z-x} 8xy\mathrm{d}y$$

$$= \int_0^{\frac{z}{2}} 4x(z^2 - 2xz)\mathrm{d}x = \frac{1}{6}z^4 ;$$

当 $1 < z \leqslant 2$ 时，如图 3-5 所示，

$$F(z) = \iint\limits_{x+y \leqslant z} f(x, y)\mathrm{d}x\mathrm{d}y = 1 - \int_{\frac{z}{2}}^1 \mathrm{d}y \int_{z-y}^y 8xy\mathrm{d}x$$

$$= 1 - \frac{8}{3}z + 2z^2 - \frac{1}{6}z^4 ;$$

当 $2 < z < +\infty$ 时，$F(z) = \iint\limits_{x+y \leqslant z} f(x, y)\mathrm{d}x\mathrm{d}y = \int_0^1 \mathrm{d}x \int_x^1 8xy\mathrm{d}y = 1.$

综合以上计算结果，可得

$$F(z) = \begin{cases} 0, & z \leqslant 0, \\ \dfrac{1}{6}z^4, & 0 < z \leqslant 1, \\ 1 - \dfrac{8}{3}z + 2z^2 - \dfrac{1}{6}z^4, & 1 < z < 2, \\ 1, & z \geqslant 2, \end{cases}$$

所以 $Z = X + Y$ 的密度函数为

$$f(z) = F'(z) = \begin{cases} \dfrac{2}{3}z^3, & 0 < z \leqslant 1, \\ -\dfrac{8}{3} + 4z - \dfrac{2}{3}z^3, & 1 < z < 2, \\ 0, & \text{其他} . \end{cases}$$

题注：本例是考查二维连续型随机变量知识的典型问题：已知联合分布，求边缘分布、判断相互独立性、求随机事件的概率、随机变量的函数的分布等．在解决这些问题时，务必要明确联合密度函数的定义，在平面直角坐标系下，画出联合密度函数不为 0 的区域（图 3-2），便于在计算积分时确定出正确的积分区域和积分上下限，得出正确的结果．在确定随机变量的函数的分布函数时，分类讨论，务必要思路清晰、严谨．

例 3.3 设随机变量 (X, Y) 的联合密度函数为

$$f(x, y) = \begin{cases} \dfrac{1}{4}(1+xy), & |x| < 1, |y| < 1, \\ 0, & \text{其他}, \end{cases}$$

试证：(1) X 与 Y 不相互独立；(2) X^2 与 Y^2 相互独立．

证明 (1) 先求两个边缘密度函数：

X 的边缘密度函数：$f_X(x) = \int_{-\infty}^{+\infty} f(x, y)\mathrm{d}y$，

当 $|x| < 1$ 时，

$$f_X(x) = \int_{-\infty}^{+\infty} f(x,y)\mathrm{d}y = \int_{-1}^{1} \frac{1}{4}(1+xy)\mathrm{d}y = \frac{1}{2};$$

当 $|x| \geqslant 1$ 时，

$$f_X(x) = \int_{-\infty}^{+\infty} f(x, y)\mathrm{d}y = \int_{-\infty}^{+\infty} 0\mathrm{d}y = 0,$$

所以
$$f_X(x) = \begin{cases} \dfrac{1}{2}, & |x| < 1, \\ 0, & |x| \geqslant 1. \end{cases}$$

类似地，可求得 Y 的边缘密度函数：

$$f_Y(y) = \int_{-\infty}^{+\infty} f(x, y)\mathrm{d}x = \begin{cases} \int_{-1}^{1} \frac{1}{4}(1+xy)\mathrm{d}x, & |y| < 1, \\ 0, & \text{其他} \end{cases} = \begin{cases} \dfrac{1}{2}, & |y| < 1, \\ 0, & \text{其他}. \end{cases}$$

从而
$$f_X(x)f_Y(y) = \begin{cases} \dfrac{1}{4}, & |x| < 1, |y| < 1, \\ 0, & \text{其他} \end{cases} \neq f(x, y),$$

故 X 与 Y 不相互独立.

(2) 设 $U = X^2$，$V = Y^2$，则
$$F(u, v) = P\{U \leqslant u, V \leqslant v\} = P\{X^2 \leqslant u, Y^2 \leqslant v\},$$

显然，当 $u < 0$ 或者 $v < 0$ 时，$F(u, v) = 0$；

当 $0 \leqslant u < 1$，$0 \leqslant v < 1$ 时，

$$F(u, v) = P\{-\sqrt{u} \leqslant X \leqslant \sqrt{u}, -\sqrt{v} \leqslant Y \leqslant \sqrt{v}\}$$
$$= \int_{-\sqrt{u}}^{\sqrt{u}} \mathrm{d}x \int_{-\sqrt{v}}^{\sqrt{v}} \frac{1}{4}(1+xy)\mathrm{d}y = \frac{1}{4}\int_{-\sqrt{u}}^{\sqrt{u}} 2\sqrt{v}\mathrm{d}x = \sqrt{uv};$$

当 $0 \leqslant u < 1$，$v \geqslant 1$ 时，

$$F(u, v) = P\{-\sqrt{u} \leqslant X \leqslant \sqrt{u}, -\sqrt{v} \leqslant Y \leqslant \sqrt{v}\}$$
$$= \int_{-\sqrt{u}}^{\sqrt{u}} \mathrm{d}x \int_{-1}^{1} \frac{1}{4}(1+xy)\mathrm{d}y = \int_{-\sqrt{u}}^{\sqrt{u}} \frac{1}{2}\mathrm{d}x = \sqrt{u};$$

当 $u \geqslant 1$，$0 \leqslant v < 1$ 时，

$$F(u, v) = P\{-\sqrt{u} \leqslant X \leqslant \sqrt{u}, -\sqrt{v} \leqslant Y \leqslant \sqrt{v}\}$$
$$= \int_{-\sqrt{v}}^{\sqrt{v}} \mathrm{d}y \int_{-1}^{1} \frac{1}{4}(1+xy)\mathrm{d}x = \int_{-\sqrt{v}}^{\sqrt{v}} \frac{1}{2}\mathrm{d}y = \sqrt{v};$$

当 $u \geqslant 1$，$v \geqslant 1$ 时，

$$F(u, v) = P\{-\sqrt{u} \leqslant X \leqslant \sqrt{u}, -\sqrt{v} \leqslant Y \leqslant \sqrt{v}\}$$

$$= \int_{-1}^{1} \mathrm{d}y \int_{-1}^{1} \frac{1}{4}(1+xy)\mathrm{d}x = \int_{-1}^{1} \frac{1}{2}\mathrm{d}y = 1.$$

所以 (X^2, Y^2) 的联合分布函数为

$$F(u, v) = \begin{cases} 0, & u<0 \text{ 或 } v<0, \\ \sqrt{uv}, & 0 \leqslant u<1, \ 0 \leqslant v<1, \\ \sqrt{u}, & 0 \leqslant u<1, \ v \geqslant 1, \\ \sqrt{v}, & u \geqslant 1, \ 0 \leqslant v<1, \\ 1, & u \geqslant 1, \ v \geqslant 1. \end{cases}$$

$U = X^2$ 的边缘分布函数为

$$F_U(u) = P\{X^2 \leqslant u\} = P\{X^2 \leqslant u, \ Y^2 < +\infty\} = P\{X^2 \leqslant u, \ -1 \leqslant Y \leqslant 1\},$$

当 $u<0$ 时，$F_U(u)=0$；

当 $0 \leqslant u<1$ 时，

$$F_U(u) = P\{-\sqrt{u} \leqslant X \leqslant \sqrt{u}, -1 \leqslant Y \leqslant 1\}$$

$$= \int_{-\sqrt{u}}^{\sqrt{u}} \mathrm{d}x \int_{-1}^{1} \frac{1}{4}(1+xy)\mathrm{d}y = \int_{-\sqrt{u}}^{\sqrt{u}} \frac{1}{2}\mathrm{d}x = \sqrt{u};$$

当 $u \geqslant 1$ 时，

$$F_U(u) = P\{-1 \leqslant X \leqslant 1, -1 \leqslant Y \leqslant 1\}$$

$$= \int_{-1}^{1} \mathrm{d}y \int_{-1}^{1} \frac{1}{4}(1+xy)\mathrm{d}x = \int_{-1}^{1} \frac{1}{2}\mathrm{d}y = 1,$$

从而 $U = X^2$ 的边缘分布函数为

$$F_U(u) = \begin{cases} 0, & u<0, \\ \sqrt{u}, & 0 \leqslant u<1, \\ 1, & u \geqslant 1. \end{cases}$$

类似地，$V = Y^2$ 的边缘分布函数

$$F_V(v) = P\{Y^2 \leqslant v\} = P\{X^2 \leqslant +\infty, \ Y^2 < v\} = P\{-1 \leqslant X \leqslant 1, \ Y^2 \leqslant v\},$$

当 $v<0$ 时，$F_V(v)=0$；

当 $0 \leqslant v<1$ 时，

$$F_V(v) = P\{-1 \leqslant X \leqslant 1, -\sqrt{v} \leqslant Y \leqslant \sqrt{v}\}$$

$$= \int_{-1}^{1} \mathrm{d}x \int_{-\sqrt{v}}^{\sqrt{v}} \frac{1}{4}(1+xy)\mathrm{d}y = \int_{-1}^{1} \frac{\sqrt{v}}{2}\mathrm{d}x = \sqrt{v};$$

当 $v \geqslant 1$ 时，

$$F_V(v) = P\{-1 \leqslant X \leqslant 1, -1 \leqslant Y \leqslant 1\}$$

$$= \int_{-1}^{1} \mathrm{d}y \int_{-1}^{1} \frac{1}{4}(1+xy)\mathrm{d}x = \int_{-1}^{1} \frac{1}{2}\mathrm{d}y = 1,$$

从而 $V=Y^2$ 的边缘分布函数为

$$F_V(v)=\begin{cases} 0, & v<0, \\ \sqrt{v}, & 0\leqslant v<1, \\ 1, & v\geqslant 1. \end{cases}$$

所以

$$F_U(u)F_V(v)=\begin{cases} 0, & u<0 \text{ 或 } v<0, \\ \sqrt{uv}, & 0\leqslant u<1,\ 0\leqslant v<1, \\ \sqrt{u}, & 0\leqslant u<1,\ v\geqslant 1, \\ \sqrt{v}, & u\geqslant 1,\ 0\leqslant v<1, \\ 1, & u\geqslant 1,\ v\geqslant 1 \end{cases}=F(u,\ v),$$

因此 U 与 V 相互独立，即 X^2 与 Y^2 相互独立.

例 3.4 设随机变量 X_1，X_2，X_3，X_4 相互独立、同分布，且分布律为

X_i	0	1
P	0.6	0.4

求 $X=X_1X_4-X_2X_3$ 的分布律.

解 记 $Y_1=X_1X_4$，$Y_2=X_2X_3$，则 $X=Y_1-Y_2$，又

$$P\{Y_1=1\}=P\{X_1=1,\ X_4=1\}=0.4\times 0.4=0.16,$$
$$P\{Y_2=1\}=P\{X_2=1,\ X_3=1\}=0.4\times 0.4=0.16,$$
$$P\{Y_1=0\}=P\{Y_2=0\}=1-0.16=0.84.$$

由于 X_1，X_2，X_3，X_4 相互独立，故 Y_1 与 Y_2 也相互独立. 随机变量 $X=Y_1-Y_2$ 的可能取值有 -1，0，1，且

$$P\{X=-1\}=P\{Y_1=0,\ Y_2=1\}=P\{Y_1=0\}\cdot P\{Y_2=1\}$$
$$=0.84\times 0.16=0.1344,$$
$$P\{X=1\}=P\{Y_1=1,\ Y_2=0\}=0.16\times 0.84=0.1344,$$
$$P\{X=0\}=1-2\times 0.1344=0.7312,$$

所以，X 的分布律为

X	-1	0	1
P	0.1344	0.7312	0.1344

例 3.5 设随机变量 X 与 Y 相互独立，其密度函数分别为

$$f_X(x)=\begin{cases} \dfrac{2}{\sqrt{\pi}}e^{-x^2}, & x>0, \\ 0, & x\leqslant 0, \end{cases} \qquad f_Y(y)=\begin{cases} \dfrac{2}{\sqrt{\pi}}e^{-y^2}, & y>0, \\ 0, & y\leqslant 0, \end{cases}$$

求 $Z=\sqrt{X^2+Y^2}$ 的密度函数.

解 依题意，$(X,\ Y)$ 的联合密度函数为

$$f(x,\ y)=f_X(x)f_Y(y)=\begin{cases}\dfrac{4}{\pi}\mathrm{e}^{-(x^2+y^2)},&x>0,\ y>0,\\[2mm]0,&\text{其他},\end{cases}$$

而　　　　　　　$F_Z(z)=P\{Z\leqslant z\}=P\{\sqrt{X^2+Y^2}\leqslant z\}.$

当 $z<0$ 时，$F_Z(z)=0$；

当 $z\geqslant0$ 时，

$$F_Z(z)=P\{X^2+Y^2\leqslant z^2\}=\iint\limits_{x^2+y^2\leqslant z^2}f(x,\ y)\mathrm{d}x\mathrm{d}y$$

$$=\int_0^{\frac{\pi}{2}}\mathrm{d}\theta\int_0^z\frac{4}{\pi}\mathrm{e}^{-r^2}r\mathrm{d}r=1-\mathrm{e}^{-z^2},$$

故随机变量 Z 的分布函数为

$$F_Z(z)=\begin{cases}1-\mathrm{e}^{-z^2},&z\geqslant0,\\0,&z<0,\end{cases}$$

从而，Z 的密度函数为

$$f(z)=F_Z'(z)=\begin{cases}2z\mathrm{e}^{-z^2},&z\geqslant0,\\0,&z<0.\end{cases}$$

例 3.6　设随机变量 $(X,\ Y)$ 服从区域 $D=\{(x,\ y)\,|\,0\leqslant y\leqslant1-x^2\}$ 上的均匀分布.

(1) 写出 $(X,\ Y)$ 的概率密度函数；

(2) 求 X 与 Y 的边缘密度函数；

(3) 求概率 $P\{(x,\ y)\in B\}$，其中区域 $B=\{(x,\ y)\,|\,y\geqslant x^2\}$.

解　如图 3-6 所示.

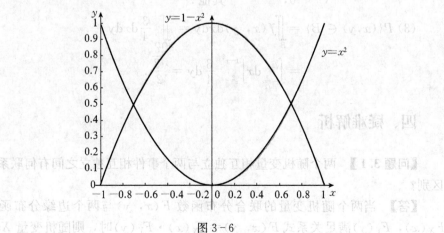

图 3-6

（1）易知区域 D 的面积为

$$A = \int_{-1}^{1}(1-x^2)\mathrm{d}x = \frac{4}{3},$$

故 (X,Y) 的概率密度函数为

$$f(x,y) = \begin{cases} \dfrac{3}{4}, & 0 \leqslant y \leqslant 1-x^2,\ -1 \leqslant x \leqslant 1, \\ 0, & \text{其他}. \end{cases}$$

（2）X 的边缘密度函数 $f_X(x) = \int_{-\infty}^{+\infty} f(x,y)\mathrm{d}y$.

当 $-1 \leqslant x \leqslant 1$ 时，

$$f_X(x) = \int_{-\infty}^{+\infty} f(x,y)\mathrm{d}y = \int_{0}^{1-x^2} \frac{3}{4}\mathrm{d}y = \frac{3}{4}(1-x^2);$$

当 $x < -1$ 或 $x > 1$ 时，

$$f_X(x) = \int_{-\infty}^{+\infty} f(x,y)\mathrm{d}y = \int_{-\infty}^{+\infty} 0\mathrm{d}y = 0,$$

所以

$$f_X(x) = \begin{cases} \dfrac{3}{4}(1-x^2), & -1 \leqslant x \leqslant 1, \\ 0, & \text{其他}. \end{cases}$$

类似地，可求得 Y 的边缘密度函数为

$$f_Y(y) = \int_{-\infty}^{+\infty} f(x,y)\mathrm{d}x = \begin{cases} \displaystyle\int_{-\sqrt{1-y}}^{\sqrt{1-y}} \frac{3}{4}\mathrm{d}x, & 0 < y < 1, \\ 0, & \text{其他}. \end{cases}$$

$$= \begin{cases} \dfrac{3}{2}\sqrt{1-y}, & 0 < y < 1, \\ 0, & \text{其他}. \end{cases}$$

（3）$P\{(x,y) \in B\} = \iint\limits_{B} f(x,y)\mathrm{d}x\mathrm{d}y = \iint\limits_{B \cap D} \dfrac{3}{4}\mathrm{d}x\mathrm{d}y$

$$= \int_{-\frac{1}{\sqrt{2}}}^{\frac{1}{\sqrt{2}}} \mathrm{d}x \int_{x^2}^{1-x^2} \frac{3}{4}\mathrm{d}y = \frac{\sqrt{2}}{2}.$$

四、疑难解析

【问题 3.1】 两个随机变量相互独立与两个事件相互独立之间有何联系与区别？

【答】 当两个随机变量的联合分布函数 $F(x,y)$ 与两个边缘分布函数 $F_X(x)$，$F_Y(y)$ 满足关系式 $F(x,y) = F_X(x) \cdot F_Y(y)$ 时，则随机变量 X 与

Y 相互独立，由分布函数的概念，关系式 $F(x, y) = F_X(x) \cdot F_Y(y)$ 即表明 $P\{X \leqslant x, Y \leqslant y\} = P\{X \leqslant x\} \cdot P\{Y \leqslant y\}$，此式说明事件 $\{X \leqslant x\}$ 与事件 $\{Y \leqslant y\}$ 是相互独立的；反过来，若对于实平面 $\mathbf{R}^2$ 上的任意点 (x, y) 处都有事件 $\{X \leqslant x\}$ 与事件 $\{Y \leqslant y\}$ 相互独立，则可保证关系式 $F(x, y) = F_X(x) \cdot F_Y(y)$ 成立，此式说明随机变量 X 与 Y 相互独立，所以两个随机变量相互独立与两个事件相互独立的本质是一致的．但是，若只是某些点 (x, y) 处有事件 $\{X \leqslant x\}$ 与事件 $\{Y \leqslant y\}$ 相互独立，不可保证随机变量 X 与 Y 相互独立．如在上述例 3.3 中，因为

$$P\{X \leqslant 0\} P\{Y \leqslant 1\} = \int_{-1}^{0} \frac{1}{2} \mathrm{d}x \cdot \int_{-1}^{1} \frac{1}{2} \mathrm{d}y = \frac{1}{2},$$

$$P\{X \leqslant 0, Y \leqslant 1\} = \int_{-1}^{0} \mathrm{d}x \int_{-1}^{1} \frac{1}{4}(1 + xy) \mathrm{d}y = \frac{1}{2},$$

故事件 $\{X \leqslant 0\}$ 与事件 $\{Y \leqslant 1\}$ 是独立的，但随机变量 X 与 Y 不相互独立．

【问题 3.2】　随机变量的条件分布与第 1 章中事件的条件概率之间有何区别和联系？

【答】　设有随机变量 X 和 Y，在已知 Y 取定某个值或某些值的条件下 X 的分布称为 X 的条件分布；类似地，在已知 X 取定某个值或某些值的条件下 Y 的分布称为 Y 的条件分布．下面就 $Y = y$ 条件下 X 的条件分布来回答本问题．根据分布函数的定义，$Y = y$ 条件下 X 的条件分布函数为 $F_{X|Y}(x|y) = P\{X \leqslant x | Y = y\}$．若 X 和 Y 是离散型随机变量，则 $F_{X|Y}(x|y) = P\{X \leqslant x | Y = y\} = \dfrac{P\{X \leqslant x, Y = y\}}{P\{Y = y\}}$，此即为第 1 章中的条件概率；若 X 和 Y 是连续型随机变量，则 $P\{Y = y\} = P\{X \leqslant x, Y = y\} = 0$，于是 $\dfrac{P\{X \leqslant x, Y = y\}}{P\{Y = y\}}$ 为微积分中的 $\dfrac{0}{0}$ 型的未定式，不能直接用来确定 $F_{X|Y}(x|y)$，若密度函数 $f(x, y)$ 及 $f_Y(y)$ 是连续函数，且 $f_Y(y) > 0$，则应用微积分的极限思想及方法，可推得 $F_{X|Y}(x|y) = \dfrac{\displaystyle\int_{-\infty}^{x} f(u, y) \mathrm{d}u}{f_Y(y)}$，此已不是第 1 章中的条件概率．

【问题 3.3】　联合分布与边缘分布之间的关系如何？

【答】　若随机变量 (X, Y) 的联合分布函数为 $F(x, y) = P\{X \leqslant x, Y \leqslant y\}$，则它的两个边缘分布函数分别为

$$F_X(x) = P\{X \leqslant x\} = P\{X \leqslant x, Y < +\infty\} = F(x, +\infty),$$

$$F_Y(y) = P\{Y \leqslant y\} = P\{X < +\infty, Y \leqslant y\} = F(+\infty, y).$$

可见，联合分布可以确定边缘分布，但反之不然，即两个边缘分布不能确定联合分布，只有当两个随机变量相互独立时，边缘分布可以确定联合分布.

五、习题选解

1. 设二维随机变量 (X, Y) 的密度函数为

$$f(x, y) = \begin{cases} a(6-x-y), & 0 \leqslant x \leqslant 1, \ 0 \leqslant y \leqslant 2, \\ 0, & 其他, \end{cases}$$

(1) 确定常数 a；

(2) 求概率 $P\{X \leqslant 0.5, \ Y \leqslant 1.5\}$；

(3) 求概率 $P\{(X, Y) \in D\}$，这里 D 是由 $x=0$，$y=0$ 和 $x+y=1$ 这三条直线所围成的三角形区域.

解 (1) 由 $\int_{-\infty}^{+\infty} \int_{-\infty}^{+\infty} f(x, y) \mathrm{d}x \mathrm{d}y = 1$，可得

$$\int_0^2 \mathrm{d}y \int_0^1 a(6-x-y) \mathrm{d}x = a \int_0^2 \left[\left(6x - \frac{1}{2}x^2 - yx \right) \Big|_0^1 \right] \mathrm{d}y$$

$$= a \int_0^2 \left(6 - \frac{1}{2} - y \right) \mathrm{d}y$$

$$= a \left[\left(6y - \frac{1}{2}y - \frac{1}{2}y^2 \right) \Big|_0^2 \right] = 9a = 1,$$

于是 $a = \dfrac{1}{9}$；

(2) $P\{X \leqslant 0.5, \ Y \leqslant 1.5\} = \iint\limits_{x \leqslant 0.5, \ y \leqslant 1.5} f(x, y) \mathrm{d}x \mathrm{d}y$

$$= \int_0^{0.5} \mathrm{d}x \int_0^{1.5} \frac{1}{9}(6-x-y) \mathrm{d}y$$

$$= \frac{5}{12};$$

(3) $P\{(X, Y) \in D\} = \iint\limits_{\substack{x \geqslant 0, y \geqslant 0 \\ x+y \leqslant 1}} f(x, y) \mathrm{d}x \mathrm{d}y$

$$= \int_0^1 \mathrm{d}x \int_0^{1-x} \frac{1}{9}(6-x-y) \mathrm{d}y = \frac{8}{27}.$$

2. 设二维随机变量 (X, Y) 的密度函数为

$$f(x, y) = \begin{cases} 2\mathrm{e}^{-(2x+y)}, & x > 0, \ y > 0, \\ 0, & 其他, \end{cases}$$

(1) 求分布函数 $F(x, y)$；(2) 求概率 $P\{Y \leqslant X\}$.

解　(1) 因为　　$f(x,\ y)=\begin{cases} 2e^{-(2x+y)}, & x>0,\ y>0, \\ 0, & \text{其他}, \end{cases}$

$$F(x,\ y)=\int_{-\infty}^{x}\int_{-\infty}^{y} f(u,\ v)\mathrm{d}u\mathrm{d}v,$$

所以当 $x>0,\ y>0$ 时,

$$F(x,\ y)=\int_{-\infty}^{x}\int_{-\infty}^{y} f(u,\ v)\mathrm{d}u\mathrm{d}v=\int_{0}^{y}\mathrm{d}v\int_{0}^{x} 2e^{-(2u+v)}\mathrm{d}u$$
$$=(1-e^{-2x})(1-e^{-y});$$

当 $x<0$ 或 $y<0$ 时, $F(x,\ y)=\int_{-\infty}^{x}\int_{-\infty}^{y} f(u,\ v)\mathrm{d}u\mathrm{d}v=0$,

所以所求分布函数为

$$F(x,\ y)=\begin{cases} (1-e^{-2x})(1-e^{-y}), & x>0,\ y>0, \\ 0, & \text{其他}. \end{cases}$$

(2) $P\{Y\leqslant X\}=\iint\limits_{y\leqslant x} f(x,\ y)\mathrm{d}x\mathrm{d}y=\int_{0}^{+\infty}\mathrm{d}x\int_{0}^{x} 2e^{-(2x+y)}\mathrm{d}y$

$$=\int_{0}^{+\infty} 2e^{-2x}(1-e^{-x})\mathrm{d}x$$
$$=\int_{0}^{+\infty} 2e^{-2x}\mathrm{d}x-\int_{0}^{+\infty} 2e^{-3x}\mathrm{d}x$$
$$=1-\frac{2}{3}=\frac{1}{3}.$$

3. 向一个无限平面靶射击, 设命中点 $(X,\ Y)$ 的密度函数为

$$f(x,\ y)=\frac{1}{\pi(1+x^2+y^2)^2},\ -\infty<x,\ y<+\infty,$$

求命中点与靶心(坐标原点)的距离不超过 a 的概率.

解　所求概率为

$$P\{\sqrt{X^2+Y^2}\leqslant a\}=\iint\limits_{x^2+y^2\leqslant a^2} f(x,\ y)\mathrm{d}x\mathrm{d}y$$
$$=\iint\limits_{x^2+y^2\leqslant a^2}\frac{\mathrm{d}x\mathrm{d}y}{\pi(1+x^2+y^2)^2}$$
$$=\int_{0}^{2\pi}\mathrm{d}\theta\int_{0}^{a}\frac{r\mathrm{d}r}{\pi(1+r^2)^2}=\frac{a^2}{1+a^2}.$$

4. 设二维随机变量 $(X,\ Y)$ 在区域 B 上服从均匀分布, B 是由 x 轴, y 轴及直线 $y=2x+1$ 所围成的三角形区域, 试求:

(1) $(X,\ Y)$ 的密度函数 $f(x,\ y)$; (2) $(X,\ Y)$ 的分布函数 $F(x,\ y)$.

解　(1) 由 x 轴, y 轴以及直线 $y=2x+1$ 所围成的三角形区域(图 3 - 7)

的面积为 $B=\dfrac{1}{4}$，因此 (X, Y) 的联合分布密度函数为

$$f(x, y)=\begin{cases}4, & -\dfrac{1}{2}<x<0,\ 0<y<2x+1, \\ 0, & \text{其他}.\end{cases}$$

(2) 分布函数为 $F(x, y)=P\{X\leqslant x,\ Y\leqslant y\}$。

① 当 $x\leqslant-\dfrac{1}{2}$ 时，$F(x, y)=P\{\varnothing\}=0$；

② 当 $-\dfrac{1}{2}\leqslant x<0$ 时，

当 $y<0$ 时，$f(x, y)=0$，所以 $F(x, y)=0$；

当 $0\leqslant y<2x+1$ 时，如图 3-8 所示，

$$F(x,y)=\iint\limits_{\text{梯形}}4\mathrm{d}x\mathrm{d}y=4S_{\text{梯形}}=2y\left(2x+1-\dfrac{y}{2}\right)；$$

当 $y\geqslant2x+1$ 时，如图 3-9 所示，

$$F(x, y)=\iint\limits_{\text{三角形}}4\mathrm{d}x\mathrm{d}y=4S_{\text{三角形}}=4\left(x+\dfrac{1}{2}\right)^2；$$

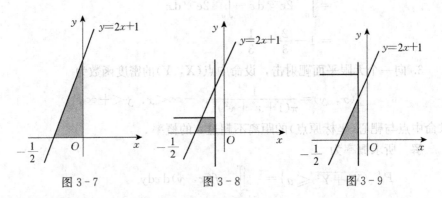

图 3-7　　　　　图 3-8　　　　　图 3-9

③ 当 $x\geqslant0$ 时，

当 $y<0$ 时，$f(x, y)=0$，所以 $F(x, y)=0$；

当 $0\leqslant y<1$ 时，如图 3-10 所示，

$$F(x, y)=\iint\limits_{\text{梯形}}4\mathrm{d}x\mathrm{d}y=4S_{\text{梯形}}=2y\left(1-\dfrac{y}{2}\right)；$$

当 $y\geqslant1$ 时，如图 3-11 所示，

$$F(x, y)=\iint\limits_{\text{三角形}}4\mathrm{d}x\mathrm{d}y=4S_{\text{三角形}}=1。$$

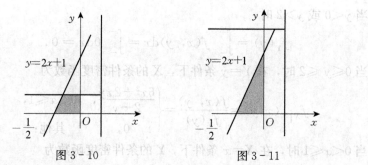

图 3-10   图 3-11

综上所述，所求分布函数为

$$
F(x,\ y)=\begin{cases}0, & x<-\dfrac{1}{2}\text{或}\ y<0, \\[2mm] y(4x+2-y), & -\dfrac{1}{2}\leqslant x<0,\ 0\leqslant y<2x+1, \\[2mm] (2x+1)^2, & -\dfrac{1}{2}\leqslant x<0,\ y\geqslant 2x+1, \\[2mm] y(2-y), & x\geqslant 0,\ 0\leqslant y<1, \\[2mm] 1, & x\geqslant 0,\ y\geqslant 1.\end{cases}
$$

5. 设二维随机变量 $(X,\ Y)$ 的密度函数为

$$
f(x,\ y)=\begin{cases}x^2+\dfrac{xy}{3}, & 0\leqslant x\leqslant 1,\ 0\leqslant y\leqslant 2, \\[2mm] 0, & \text{其他},\end{cases}
$$

求条件密度函数 $f_{X\mid Y}(x\mid y)$ 和 $f_{Y\mid X}(y\mid x)$ 及概率 $P\left\{Y<\dfrac{1}{2}\ \middle|\ X=\dfrac{1}{2}\right\}$.

解 当 $0\leqslant x\leqslant 1$ 时，

$$
f_X(x)=\int_{-\infty}^{+\infty}f(x,\ y)\mathrm{d}y=\int_0^2\left(x^2+\frac{xy}{3}\right)\mathrm{d}y
$$

$$
=\left(x^2 y+\frac{xy^2}{6}\right)\Bigg|_0^2=2x^2+\frac{2}{3}x\ ;
$$

当 $x<0$ 或 $x>1$ 时，

$$
f_X(x)=\int_{-\infty}^{+\infty}f(x,\ y)\mathrm{d}y=\int_{-\infty}^{+\infty}0\mathrm{d}y=0\ .
$$

当 $0\leqslant y\leqslant 2$ 时，

$$
f_Y(y)=\int_{-\infty}^{+\infty}f(x,\ y)\mathrm{d}x=\int_0^1\left(x^2+\frac{xy}{3}\right)\mathrm{d}x
$$

$$
=\left(\frac{1}{3}x^3+\frac{1}{6}x^2 y\right)\Bigg|_0^1=\frac{1}{3}+\frac{1}{6}y\ ;
$$

当 $y<0$ 或 $y>2$ 时，

$$f_Y(y) = \int_{-\infty}^{+\infty} f(x, y)\mathrm{d}x = \int_{-\infty}^{+\infty} 0\mathrm{d}x = 0.$$

所以当 $0 \leqslant y \leqslant 2$ 时，在 $Y=y$ 条件下，X 的条件密度函数为

$$f_{X|Y}(x|y) = \frac{f(x, y)}{f_Y(y)} = \begin{cases} \dfrac{6x^2+2xy}{2+y}, & 0 \leqslant x \leqslant 1, \\ 0, & \text{其他;} \end{cases}$$

当 $0 < x \leqslant 1$ 时，在 $X=x$ 条件下，Y 的条件密度函数为

$$f_{Y|X}(y|x) = \frac{f(x, y)}{f_X(x)} = \begin{cases} \dfrac{3x+y}{6x+2}, & 0 \leqslant y \leqslant 2, \\ 0, & \text{其他,} \end{cases}$$

所以
$$P\left\{Y < \frac{1}{2} \,\Big|\, X = \frac{1}{2}\right\} = \int_0^{\frac{1}{2}} \frac{3 \cdot \frac{1}{2} + y}{6 \cdot \frac{1}{2} + 2}\mathrm{d}y = \int_0^{\frac{1}{2}} \left(\frac{3}{10} + \frac{y}{5}\right)\mathrm{d}y$$

$$= \left(\frac{3}{10}y + \frac{y^2}{10}\right)\Big|_0^{\frac{1}{2}} = \frac{7}{40}.$$

6. 二维随机向量 (X, Y) 的分布律由下表给出：

X \ Y	1	2	3
1	1/6	1/9	1/18
2	1/3	a	b

问当 a，b 取何值时，X 与 Y 独立？

解 要使 X 与 Y 独立，则需要满足

$$P\{X=1, Y=2\} = P\{X=1\} \cdot P\{Y=2\},$$

即
$$\frac{1}{9} = \left(\frac{1}{6} + \frac{1}{9} + \frac{1}{18}\right) \times \left(\frac{1}{9} + a\right),$$

解得 $a = \dfrac{2}{9}$，从而

$$b = 1 - \frac{1}{6} - \frac{1}{9} - \frac{1}{18} - \frac{1}{3} - a = \frac{1}{9}.$$

经验证，当 $a = \dfrac{2}{9}$，$b = \dfrac{1}{9}$ 时，$\forall i=1, 2$；$j=1, 2, 3$，均有 $p_{ij} = p_i \cdot p_{\cdot j}$，

所以 $a = \dfrac{2}{9}$，$b = \dfrac{1}{9}$ 为所求.

7. 设随机变量 X 与 Y 相互独立，它们均服从 $[-1, 1]$ 上的均匀分布，求

二次方程 $t^2 + Xt + Y = 0$ 有实根的概率.

　　解　由题设可知：随机向量 (X, Y) 的密度函数为

$$f(x, y) = \begin{cases} \dfrac{1}{4}, & -1 < x, \ y < 1, \\ 0, & \text{其他}, \end{cases}$$

二次方程有实根的充要条件为 $X^2 - 4Y \geqslant 0$，其概率为

$$P\{X^2 - 4Y \geqslant 0\} = \int_{-1}^{1} \mathrm{d}x \int_{-1}^{\frac{x^2}{4}} \frac{1}{4} \mathrm{d}y = \int_{-1}^{1} \frac{1}{4}\left(\frac{x^2}{4} + 1\right) \mathrm{d}x = \frac{13}{24}.$$

　　8. 设二维随机变量 (X, Y) 的密度函数为

$$f(x, y) = \begin{cases} \dfrac{x\mathrm{e}^{-x}}{(1+y)^2}, & x > 0, \ y > 0, \\ 0, & \text{其他}, \end{cases}$$

讨论 X 与 Y 的独立性.

　　解　当 $x > 0$ 时，

$$f_X(x) = \int_{-\infty}^{+\infty} f(x, y)\mathrm{d}y = \int_{0}^{+\infty} x\mathrm{e}^{-x} \frac{1}{(1+y)^2} \mathrm{d}y$$

$$= -x\mathrm{e}^{-x} \frac{1}{1+y} \Big|_{0}^{+\infty} = x\mathrm{e}^{-x};$$

当 $x \leqslant 0$ 时，$f_X(x) = \displaystyle\int_{-\infty}^{+\infty} 0 \mathrm{d}y = 0$，

所以，关于 X 的边缘分布密度函数为

$$f_X(x) = \begin{cases} x\mathrm{e}^{-x}, & x > 0, \\ 0, & x \leqslant 0. \end{cases}$$

当 $y > 0$ 时，

$$f_Y(y) = \int_{-\infty}^{+\infty} f(x, y)\mathrm{d}x = \int_{0}^{+\infty} \frac{x\mathrm{e}^{-x}}{(1+y)^2} \mathrm{d}x$$

$$= \frac{1}{(1+y)^2}\left(-(x+1)\mathrm{e}^{-x}\Big|_{0}^{+\infty}\right) = \frac{1}{(1+y)^2};$$

当 $y \leqslant 0$ 时，$f_Y(y) = \displaystyle\int_{-\infty}^{+\infty} 0 \mathrm{d}x = 0$，

所以，关于 Y 的边缘分布密度函数为

$$f_Y(y) = \begin{cases} \dfrac{1}{(1+y)^2}, & y > 0, \\ 0, & y \leqslant 0. \end{cases}$$

所以　　　　$f_X(x)f_Y(y) = \begin{cases} \dfrac{x\mathrm{e}^{-x}}{(1+y)^2}, & x > 0, \ y > 0, \\ 0, & \text{其他} \end{cases} = f(x, y),$

即 X 和 Y 相互独立.

9. 设二维随机变量(X,Y)的密度函数为

$$f(x,y)=\frac{1}{2\pi\sigma^2}e^{-\frac{x^2+y^2}{2\sigma^2}},\quad -\infty<x<+\infty,\ -\infty<y<+\infty,$$

求 $Z=X^2+Y^2$ 的密度函数.

解 因为(X,Y)的密度函数为

$$f(x,y)=\frac{1}{2\pi\sigma^2}e^{-\frac{x^2+y^2}{2\sigma^2}},\quad -\infty<x<+\infty,\ -\infty<y<+\infty,$$

所以 $Z=X^2+Y^2$ 的分布函数为

$$F_Z(z)=P\{Z\leqslant z\}=P\{X^2+Y^2\leqslant z\}.$$

当 $z\leqslant 0$ 时，$F_Z(z)=P\{X^2+Y^2\leqslant z\}=0$；

当 $z>0$ 时，

$$F_Z(z)=P\{Z\leqslant z\}=\iint\limits_{u^2+v^2\leqslant z}f(u,v)\mathrm{d}u\mathrm{d}v=\iint\limits_{u^2+v^2\leqslant z}\frac{1}{2\pi\sigma^2}e^{-\frac{u^2+v^2}{2\sigma^2}}\mathrm{d}u\mathrm{d}v$$

$$=\int_0^{2\pi}\mathrm{d}\theta\int_0^{\sqrt{z}}\frac{r}{2\pi\sigma^2}e^{-\frac{r^2}{2\sigma^2}}\mathrm{d}r=2\pi\cdot\int_0^{\sqrt{z}}\frac{1}{2\pi}e^{-\frac{r^2}{2\sigma^2}}\mathrm{d}\left(\frac{r^2}{2\sigma^2}\right)$$

$$=-e^{-\frac{r^2}{2\sigma^2}}\Big|_0^{\sqrt{z}}=1-e^{-\frac{z}{2\sigma^2}},$$

所以
$$f_Z(z)=F'(z)=\begin{cases}\dfrac{1}{2\sigma^2}e^{-\frac{z}{2\sigma^2}}, & z>0,\\[2mm] 0, & z\leqslant 0.\end{cases}$$

10. 设二维随机变量(X,Y)的密度函数为

$$f(x,y)=\begin{cases}e^{-(x+y)}, & x>0,\ y>0,\\ 0, & 其他,\end{cases}$$

求 $Z=\dfrac{X+Y}{2}$ 的密度函数.

解 $Z=\dfrac{1}{2}(X+Y)$ 的分布函数为

$$F_Z(z)=P\left\{\frac{X+Y}{2}\leqslant z\right\}=P\{X+Y\leqslant 2z\}=\iint\limits_{x+y\leqslant 2z}f(x,y)\mathrm{d}x\mathrm{d}y.$$

当 $z<0$ 时，$F_Z(z)=\iint\limits_{x+y\leqslant 2z}0\mathrm{d}x\mathrm{d}y=0$，此时 $f_Z(z)=0$；

当 $z\geqslant 0$ 时，

$$F_Z(z)=\iint\limits_{\substack{x+y\leqslant 2z\\ x>0,y>0}}e^{-(x+y)}\mathrm{d}x\mathrm{d}y=\int_0^{2z}\mathrm{d}x\int_0^{2z-x}e^{-(x+y)}\mathrm{d}y$$

$$= \int_0^{2z} e^{-x}(-e^{-y})\Big|_0^{2z-x} dx = \int_0^{2z}(e^{-x}-e^{-2z})dx$$

$$= 1 - e^{-2z} - 2z e^{-2z},$$

此时
$$f_Z(z) = 4z e^{-2z},$$

所以 $Z = \dfrac{X+Y}{2}$ 的密度函数为

$$f_Z(z) = \begin{cases} 4z e^{-2z}, & z>0, \\ 0, & z\leqslant 0. \end{cases}$$

11. 在一个简单电路中，两个电阻 R_1 和 R_2 以串联方式连接．设 R_1 和 R_2 相互独立同分布，其密度函数均为

$$f(x) = \begin{cases} \dfrac{10-x}{50}, & 0\leqslant x\leqslant 10, \\ 0, & \text{其他}, \end{cases}$$

求总电阻 $R = R_1 + R_2$ 的密度函数．

解　因为 R_1 和 R_2 相互独立且同分布，且

$$f_X(x) = \begin{cases} \dfrac{10-x}{50}, & 0\leqslant x\leqslant 10, \\ 0, & \text{其他}, \end{cases}$$

所以
$$f_Y(r-x) = \begin{cases} \dfrac{10-r+x}{50}, & 0\leqslant r-x\leqslant 10, \\ 0, & \text{其他}. \end{cases}$$

由卷积公式

$$f_R(r) = \int_{-\infty}^{+\infty} f_X(x)f_Y(r-x)dx = \int_0^{10} \frac{10-x}{50}\cdot f_Y(r-x)dx,$$

当 $r<0$ 时，$f_R(r) = \int_0^{10} \dfrac{10-x}{50}\cdot 0 dx = 0$；

当 $0\leqslant r<10$ 时，

$$f_R(r) = \int_0^r \frac{10-x}{50}\cdot\frac{10-r+x}{50}dx + \int_r^{10}\frac{10-x}{50}\cdot 0 dx$$

$$= \frac{1}{2500}\left(\frac{1}{6}r^3 - 10r^2 + 100r\right);$$

当 $10\leqslant r<20$ 时，

$$f_R(r) = \int_0^{r-10} \frac{10-x}{50}\cdot 0 dx + \int_{r-10}^{10}\frac{10-x}{50}\cdot\frac{10-r+x}{50}dx$$

$$= \frac{1}{15000}(20-r)^3;$$

当 $r \geqslant 20$ 时，$f_R(r) = \int_0^{10} \dfrac{10-x}{50} \cdot 0 \mathrm{d}x = 0$，

所以总电阻 R 的密度函数为

$$f_R(r) = \begin{cases} \dfrac{1}{15000}(600r - 60r^2 + r^3), & 0 \leqslant r < 10, \\ \dfrac{1}{15000}(20-r)^3, & 10 \leqslant r < 20, \\ 0, & \text{其他.} \end{cases}$$

12. 设随机变量 $X \sim U[0, 1]$，$Y \sim U[0, 2]$，并设 X 与 Y 独立，求 $Z = \min\{X, Y\}$ 的密度函数.

解 由 X 和 Y 的密度函数可得 X，Y 的分布函数分别为

$$F_X(x) = \begin{cases} 0, & x < 0, \\ x, & 0 \leqslant x \leqslant 1, \\ 1, & x > 1; \end{cases} \qquad F_Y(y) = \begin{cases} 0, & y < 0, \\ \dfrac{y}{2}, & 0 \leqslant y \leqslant 2, \\ 1, & y > 2, \end{cases}$$

于是 $\quad F_Z(z) = 1 - [1 - F_X(z)][1 - F_Y(z)]$

$$= \begin{cases} 0, & z < 0, \\ 1 - (1-z)\left(1 - \dfrac{z}{2}\right), & 0 \leqslant z < 1, \\ 1, & z > 1 \end{cases}$$

$$= \begin{cases} 0, & z < 0, \\ \dfrac{z}{2}(3-z), & 0 \leqslant z < 1, \\ 1, & z > 1, \end{cases}$$

所以 $Z = \min\{X, Y\}$ 的密度函数为

$$f_Z(z) = \begin{cases} \dfrac{3}{2} - z, & 0 < z < 1, \\ 0, & \text{其他.} \end{cases}$$

六、自测题

1. 判断题(每小题 4 分，共 20 分)

(1) 设 $X \sim N(0, 1)$，$Y \sim N(1, 1)$，则 $X + Y \sim N(1, 2)$. （　　）

(2) 已知两个连续型随机变量的密度函数，一定可以求得它们的联合分布. （　　）

(3) 二维正态分布随机变量的边缘分布是正态分布. （　　）

（4）若二维随机变量(X,Y)的联合分布律为

Y X	0	1
0	$\frac{9}{25}$	$\frac{6}{25}$
1	$\frac{6}{25}$	$\frac{4}{25}$

则 X 与 Y 相互独立.　　　　　　　　　　　　　　　　　　　（　　）

（5）两个正态随机变量的线性组合仍然服从正态分布.　　　　　（　　）

2. 选择题（每小题 4 分，共 16 分）

（1）设(X,Y)为二维随机变量，则对于任意实数 x,y，$\overline{\{X\leqslant x,Y\geqslant y\}}=$（　　）.

    （A）$\{X>x\}\bigcup\{Y<y\}$;　　　　　　（B）$\{X>x\}\bigcup\{Y>y\}$;

    （C）$\{X<x\}\bigcup\{Y<y\}$;　　　　　　（D）$\{X<x\}\bigcup\{Y>y\}$.

（2）下列结论中正确的是（　　）.

    （A）$P\{a<X\leqslant b,c<Y\leqslant d\}=F(b,d)-F(a,c)$;

    （B）若二维随机变量(X,Y)在半径为 1 的圆 D 上服从均匀分布，设其密度函数为 $f(x,y)=\begin{cases}C, & (x,y)\in D,\\ 0, & 其他.\end{cases}$，则常数 $C=\pi$;

    （C）设 $X\sim P(\lambda_1)$，$Y\sim P(\lambda_2)$，则 $Z=X+Y$ 服从参数为 $\lambda=\lambda_1+\lambda_2$ 的泊松分布;

    （D）以上结论均不正确.

（3）设随机变量 X 与 Y 相互独立，其分布律为

X	-1	1
P	1/2	1/2

Y	-1	1
P	1/2	1/2

则下列式子正确的是（　　）.

    （A）$X=Y$;　　　　　　　　　　（B）$P\{X=Y\}=0$;

    （C）$P\{X=Y\}=\frac{1}{2}$;　　　　　　（D）$P\{X=Y\}=1$.

（4）设两个相互独立的随机变量 X 和 Y 分别服从 $N(0,1)$ 和 $N(1,1)$，则下面等式成立的是（　　）.

    （A）$P\{X+Y\leqslant 0\}=\frac{1}{2}$;　　　　（B）$P\{X+Y\leqslant 1\}=\frac{1}{2}$;

(C) $P\{X-Y\leqslant 0\}=\dfrac{1}{2}$；　　　　　　(D) $P\{X-Y\leqslant 1\}=\dfrac{1}{2}$.

3. 填空题（每小题 4 分，共 16 分）

(1) 若二维随机变量 $(X，Y)$ 的分布函数为

$$F(x，y)=\begin{cases}1-\mathrm{e}^{-x}-\mathrm{e}^{-y}+\mathrm{e}^{-(x+y)}，& x\geqslant 0，y\geqslant 0，\\ 0，& \text{其他，}\end{cases}$$

则其概率密度函数为＿＿＿＿＿＿＿.

(2) 设两个相互独立的随机变量 X 和 Y 均在 $[0，1]$ 上服从均匀分布，则 $P\{X\leqslant Y\}=$＿＿＿＿＿＿.

(3) 设随机变量 $X_i\sim\begin{bmatrix}-1&0&1\\ \dfrac{1}{4}&\dfrac{1}{2}&\dfrac{1}{4}\end{bmatrix}$，$i=1，2$，且这两个随机变量相互独立，则 $P\{\min(X_1，X_2)\leqslant 0\}=$＿＿＿＿＿＿.

(4) 若二维随机变量 $(X，Y)$ 的联合分布律为

X＼Y	0	1	2
0	0.1	0.2	0
1	0.1		0.2
2	0.1	0.1	0.1

则 $P\{XY=0\}=$＿＿＿＿＿＿.

(5) 设二维随机变量 $(X，Y)$ 的分布律为

Y＼X	0	1	2	3
0	0.11	0.03	0.04	0.02
1	0.03	0.14	0.04	0.11
2	0.03	0.02	0	0.13
3	0.03	0.11	0.02	0.14

试求：(1) $P\{X=3|Y=2\}$，$P\{Y=2|X=0\}$；

(2) $U=\max\{X，Y\}$ 的分布律；

(3) $V=\min\{X，Y\}$ 的分布律；

(4) $W=U+V$ 的分布律.（本题 16 分）

(6) 设随机变量 X 与 Y 相互独立，且其密度函数分别为

$$f_X(x)=\begin{cases}2x，& 0<x<1，\\ 0，& \text{其他，}\end{cases}\qquad f_Y(y)=\begin{cases}\mathrm{e}^{-y}，& y>0，\\ 0，& y\leqslant 0，\end{cases}$$

试求：(1) X 与 Y 的联合密度函数；(2) $P\{2X+Y\leqslant 4\}$.（本题 10 分）

(7) 设二维随机变量 (X,Y) 的联合密度函数为

$$f(x,y)=\begin{cases}2(x+y), & x<y<1,\ 0<x<1,\\ 0, & \text{其他,}\end{cases}$$

求随机变量 $Z=X+Y$ 的密度函数.（本题 10 分）

(8) 设随机变量 X 与 Y 相互独立，并且具有相同的密度函数：

$$f_X(x)=\begin{cases}\mathrm{e}^{-x}, & x>0,\\ 0, & x\leqslant 0,\end{cases}\quad f_Y(y)=\begin{cases}\mathrm{e}^{-y}, & y>0,\\ 0, & y\leqslant 0,\end{cases}$$

求证：随机变量 $Z=X+Y$ 与随机变量 $W=\dfrac{X}{Y}$ 也是相互独立的.（本题 12 分）

七、自测题参考答案

1. 判断题

(1) 错；　(2) 错；　(3) 对；　(4) 对；(5) 错.

2. 选择题

(1) A；　(2) D；　(3) C；　(4) B.

3. 填空题

(1) $f(x,y)=\begin{cases}\mathrm{e}^{-(x+y)}, & x\geqslant 0,\ y\geqslant 0,\\ 0, & \text{其他；}\end{cases}$

(2) $\dfrac{1}{2}$；　(3) $\dfrac{15}{16}$；　(4) 0.5.

4. 解　(1) $P\{X=3\,|\,Y=2\}=\dfrac{P\{X=3,\ Y=2\}}{P\{Y=2\}}=\dfrac{0.13}{0.03+0.02+0.13}=\dfrac{13}{18}$,

$P\{Y=2\,|\,X=0\}=\dfrac{P\{Y=2,\ X=0\}}{P\{X=0\}}=\dfrac{0.03}{0.11+0.03+0.03+0.03}=\dfrac{3}{20}$;

(2) $P\{U=0\}=P\{X=0,\ Y=0\}=0.11$,

$P\{U=1\}=P\{X=1,\ Y=0\}+P\{X=1,\ Y=1\}+P\{X=0,\ Y=1\}$
$\qquad=0.03+0.14+0.03=0.2$,

$P\{U=2\}=P\{X=2,\ Y=2\}+P\{X=2,\ Y=1\}+P\{X=2,\ Y=0\}+$
$\qquad\qquad P\{X=1,\ Y=2\}+P\{X=0,\ Y=2\}$
$\qquad=0+0.04+0.04+0.02+0.03=0.13$,

$P\{U=3\}=1-P\{U=0\}-P\{U=1\}-P\{U=2\}=0.56$,

从而得 U 的分布律为

U	0	1	2	3
P	0.11	0.2	0.13	0.56

(3) $P\{V=3\}=P\{X=3,\ Y=3\}=0.14,$

$\quad P\{V=2\}=P\{X=2,\ Y=2\}+P\{X=2,\ Y=3\}+P\{X=3,\ Y=2\}$

$\qquad\quad =0+0.02+0.13=0.15,$

$\quad P\{V=1\}=P\{X=1,\ Y=1\}+P\{X=1,\ Y=2\}+P\{X=1,\ Y=3\}+$

$\qquad\qquad P\{X=2,\ Y=1\}+P\{X=3,\ Y=1\}$

$\qquad\quad =0.14+0.02+0.11+0.04+0.11=0.42,$

$\quad P\{V=0\}=1-P\{V=1\}-P\{V=2\}-P\{V=3\}$

$\qquad\qquad =1-0.42-0.15-0.14=0.29,$

从而 V 的分布律为

V	0	1	2	3
P	0.29	0.42	0.15	0.14

(4) 由 $(X,\ Y)$ 的联合分布律及 $U=\max\{X,\ Y\}$，$V=\min\{X,\ Y\}$，可得 $(U,\ V)$ 的联合分布律为

U＼V	0	1	2	3
0	0.11	0	0	0
1	0.06	0.14	0	0
2	0.07	0.06	0	0
3	0.05	0.22	0.15	0.14

于是 $W=U+V$ 的分布律为

W	0	1	2	3	4	5	6
P	0.11	0.06	0.21	0.11	0.22	0.15	0.14

5. **解** (1) 因为 X 与 Y 相互独立，所以

$$f(x,\ y)=f_X(x)f_y(y)=\begin{cases}2xe^{-y}, & 0<x<1,\ y>0,\\ 0, & 其他.\end{cases}$$

(2) $P\{2X+Y\leqslant 4\}=\iint\limits_{2x+y\leqslant 4}f(x,\ y)\mathrm{d}x\mathrm{d}y=\int_0^1\mathrm{d}x\int_0^{4-2x}2xe^{-y}\mathrm{d}y$

$\qquad\qquad\qquad =1-0.5e^{-2}-0.5e^{-4}.$

6. **解** $Z=X+Y$ 的分布函数为

$$F(z) = P\{X+Y \leqslant z\} = \iint\limits_{x+y \leqslant z} f(x, y)\mathrm{d}x\mathrm{d}y.$$

当 $z \leqslant 0$ 时，$F(z) = P\{X+Y \leqslant z\} = \iint\limits_{x+y \leqslant z} 0\mathrm{d}x\mathrm{d}y = 0$；

当 $0 < z \leqslant 1$ 时，$F(z) = \int_0^{z/2} \mathrm{d}x \int_x^{z-x} 2(x+y)\mathrm{d}y = \dfrac{1}{3}z^3$；

当 $1 < z \leqslant 2$ 时，

$$F(z) = \int_0^{z-1} \mathrm{d}x \int_x^1 2(x+y)\mathrm{d}y + \int_{z-1}^{\frac{z}{2}} \mathrm{d}x \int_x^{z-x} 2(x+y)\mathrm{d}y$$

$$= -\frac{1}{3} + z^2 - \frac{1}{3}z^3 ;$$

当 $z > 2$ 时，$F(z) = \int_0^1 \mathrm{d}x \int_x^1 2(x+y)\mathrm{d}y = 1$．

求导可得 $Z = X+Y$ 的密度函数为

$$f_Z(z) = \begin{cases} z^2, & 0 < z \leqslant 1, \\ z(2-z), & 1 \leqslant z < 2, \\ 0, & \text{其他}. \end{cases}$$

7. 解 易知 (X, Y) 的联合密度函数为

$$f(x, y) = f_X(x)f_Y(y) = \begin{cases} \mathrm{e}^{-x-y}, & x, y > 0, \\ 0, & \text{其他}, \end{cases}$$

从而 $Z = X+Y$ 的分布函数为

$$F_Z(z) = P\{X+Y \leqslant z\} = \iint\limits_{x+y \leqslant z} f(x, y)\mathrm{d}x\mathrm{d}y.$$

当 $z \leqslant 0$ 时，$F_Z(z) = P\{X+Y \leqslant z\} = 0$；

当 $z > 0$ 时，

$$F_Z(z) = P\{X+Y \leqslant z\} = \iint\limits_{x+y \leqslant z, x, y > 0} \mathrm{e}^{-x-y}\mathrm{d}x\mathrm{d}y$$

$$= \int_0^z \mathrm{d}y \int_0^{z-y} \mathrm{e}^{-x-y}\mathrm{d}x = 1 - \mathrm{e}^{-z} - z\mathrm{e}^{-z} ,$$

所以 $Z = X+Y$ 的分布函数为

$$F_Z(z) = \begin{cases} 1 - \mathrm{e}^{-z} - z\mathrm{e}^{-z}, & z > 0, \\ 0, & z \leqslant 0. \end{cases}$$

类似地，可求 $W = \dfrac{X}{Y}$ 的分布函数为

$$F_W(w) = P\left\{\frac{X}{Y} \leqslant w\right\} = \iint\limits_{\frac{x}{y} \leqslant w} f(x, y)\mathrm{d}x\mathrm{d}y.$$

当 $w \leqslant 0$ 时，$F_W(w)=0$；

当 $w > 0$ 时，

$$F_W(w) = P\left\{\frac{X}{Y} \leqslant w\right\} = \int_0^{+\infty} \mathrm{d}y \int_0^{wy} \mathrm{e}^{-x-y} \mathrm{d}x = \frac{w}{1+w},$$

所以 $W=\dfrac{X}{Y}$ 的分布函数为

$$F_W(w) = \begin{cases} \dfrac{w}{1+w}, & w > 0, \\ 0, & w \leqslant 0. \end{cases}$$

而 (Z, W) 的联合分布函数为

$$F(z, w) = P\left\{X+Y \leqslant z, \frac{X}{Y} \leqslant w\right\} = \iint\limits_{\substack{x+y \leqslant z \\ \frac{x}{y} \leqslant w}} f(x, y) \mathrm{d}x \mathrm{d}y.$$

当 $z \leqslant 0$ 或 $w \leqslant 0$ 时，

$$F(z, w) = P\left\{X+Y \leqslant z, \frac{X}{Y} \leqslant w\right\} = \iint\limits_{\substack{x+y \leqslant z \\ \frac{x}{y} \leqslant w}} f(x, y) \mathrm{d}x \mathrm{d}y = 0;$$

当 $z > 0$ 且 $w > 0$ 时，

$$F(z, w) = P\left\{X+Y \leqslant z, \frac{X}{Y} \leqslant w\right\} = \int_0^{\frac{wz}{1+w}} \mathrm{d}x \int_{\frac{x}{w}}^{z-x} \mathrm{e}^{-x-y} \mathrm{d}y$$

$$= \frac{w}{1+w}(1 - \mathrm{e}^{-z} - z\mathrm{e}^{-z}),$$

所以 $\quad F(z, w) = \begin{cases} \dfrac{w}{1+w}(1 - \mathrm{e}^{-z} - z\mathrm{e}^{-z}), & z > 0 \text{ 且 } w > 0, \\ 0, & \text{其他}, \end{cases}$

从而对所有的 $z \in \mathbf{R}$ 和 $w \in \mathbf{R}$，都有 $F_Z(z)F_W(w) = F(z, w)$ 成立，故 Z 与 W 相互独立.

第4章　随机变量的数字特征

为了进一步研究随机变量的相关性质，本章引入随机变量的数字特征. 因为在实际应用中随机变量的密度函数或分布律一般不容易确定，所以引入数字特征来刻画与描述随机变量是非常必要的. 本章主要介绍常用的随机变量的数字特征，包括数学期望、方差、协方差和相关系数.

一、基本要求

1. 理解随机变量的期望、方差、标准差、协方差、相关系数等数字特征的概念.
2. 掌握期望、方差、协方差的性质.
3. 掌握具体分布的随机变量数字特征的计算，尤其是数学期望和方差的计算.
4. 熟练掌握常见分布的数字特征及其应用.
5. 掌握随机变量函数的数学期望的计算.

二、知识要点

1. 数学期望的概念、性质及计算

(1) 设一维离散型随机变量 X 的分布律为 $P\{X=x_k\}=p_k$，$k=1$，2，….

① 若级数 $\sum\limits_{i=1}^{+\infty} x_i p_i$ 绝对收敛，则称 $\sum\limits_{i=1}^{+\infty} x_i p_i$ 为 X 的数学期望（或均值），记为 $E(X)$，即

$$E(X) = \sum_{i=1}^{+\infty} x_i p_i.$$

② 若级数 $\sum\limits_{k=1}^{+\infty} g(x_k) p_k$ 绝对收敛，则 X 的函数 $g(X)$ 的数学期望为

$$E[g(X)] = \sum_{k=1}^{+\infty} g(x_k) p_k.$$

(2) 设一维连续型随机变量 X 的密度函数为 $f(x)$.

① 若积分 $\int_{-\infty}^{+\infty} xf(x)\mathrm{d}x$ 绝对收敛,则称 $\int_{-\infty}^{+\infty} xf(x)\mathrm{d}x$ 为 X 的数学期望(或均值),记为 $E(X)$,即

$$E(X) = \int_{-\infty}^{+\infty} xf(x)\mathrm{d}x.$$

② 若积分 $\int_{-\infty}^{+\infty} g(x)f(x)\,\mathrm{d}x$ 绝对收敛,则 X 的函数 $g(X)$ 的数学期望为

$$E[g(X)] = \int_{-\infty}^{+\infty} g(x)f(x)\mathrm{d}x.$$

(3) 设二维离散型随机变量 (X,Y) 的联合分布律为

$$P\{X=x_i,\ Y=y_j\}=p_{ij},\ i,\ j=1,\ 2,\ \cdots.$$

若级数 $\sum\limits_{i=1}^{+\infty}\sum\limits_{j=1}^{+\infty} g(x_i,\ y_j)p_{ij}$ 绝对收敛,则随机变量的函数 $g(X,Y)$ 的数学期望为

$$E[g(X,\ Y)] = \sum_{i=1}^{+\infty}\sum_{j=1}^{+\infty} g(x_i,\ y_j)p_{ij}.$$

(4) 设二维连续型随机变量 (X,Y) 的联合密度函数为 $f(x,\ y)$,若积分

$$\int_{-\infty}^{+\infty}\int_{-\infty}^{+\infty} g(x,\ y)f(x,\ y)\mathrm{d}x\mathrm{d}y$$

绝对收敛,则随机变量的函数 $g(X,\ Y)$ 的数学期望为

$$E[g(X,\ Y)] = \int_{-\infty}^{+\infty}\int_{-\infty}^{+\infty} g(x,\ y)f(x,\ y)\mathrm{d}x\mathrm{d}y.$$

(5) **数学期望的性质**:

① 设 C 是常数,则 $E(C)=C.$

② 设 X 是一个随机变量,C 是常数,则 $E(CX)=CE(X).$

③ 设 X 和 Y 是两个随机变量,则 $E(X+Y)=E(X)+E(Y).$

④ 设 X 和 Y 是相互独立的随机变量,则 $E(XY)=E(X)E(Y).$

2. 方差的概念、性质及计算

(1) 设 X 是一个随机变量,若 $E[X-E(X)]^2$ 存在,则称其为 X 的方差,记为 $D(X)$ 或 $\mathrm{Var}(X)$,即 $D(X)=E[X-E(X)]^2=E(X^2)-(E(X))^2$. 称 $\sqrt{D(X)}$ 为 X 的标准差.

① 若 X 为离散型随机变量,其分布律为 $P\{X=x_k\}=p_k,\ k=1,$ $2,\ \cdots,$ 则

$$D(X) = \sum_{k=1}^{+\infty}[x_k-E(X)]^2 p_k = \sum_{k=1}^{+\infty} x_k^2 p_k - (E(X))^2.$$

② 若 X 为连续型随机变量,其密度函数为 $f(x)$,则

$$D(X) = \int_{-\infty}^{+\infty} [x - E(X)]^2 f(x) \mathrm{d}x = \int_{-\infty}^{+\infty} x^2 f(x) \mathrm{d}x - (E(X))^2.$$

（2）**方差的性质**：

① 设 C 是常数，则 $D(C) = 0$.

② 设 X 是随机变量，C 是常数，则有
$$D(CX) = C^2 D(X), \quad D(X+C) = D(X).$$

③ 设 X，Y 是两个随机变量，则有
$$D(X \pm Y) = D(X) + D(Y) \pm 2E\{[X - E(X)][Y - E(Y)]\}.$$

特别地，若 X 和 Y 相互独立，则 $D(X \pm Y) = D(X) + D(Y)$.

3. 常见分布的期望与方差

	分布律或密度函数	期望	方差
0—1 分布	$P\{X=k\} = p^k(1-p)^{1-k}(k=0, 1)$	p	$p(1-p)$
二项分布	$P\{X=k\} = C_n^k p^k (1-p)^{n-k}(k=0, 1, \cdots, n)$	np	$np(1-p)$
几何分布	$P\{X=k\} = p(1-p)^{k-1}(k=1, 2, \cdots)$	$\dfrac{1}{p}$	$\dfrac{1-p}{p^2}$
泊松分布	$P\{X=k\} = \dfrac{\lambda^k}{k!}\mathrm{e}^{-\lambda}(k=0, 1, 2, \cdots)$	λ	λ
均匀分布	$f(x) = \begin{cases} \dfrac{1}{b-a}, & a < x < b, \\ 0, & \text{其他} \end{cases}$	$\dfrac{a+b}{2}$	$\dfrac{(b-a)^2}{12}$
指数分布	$f(x) = \begin{cases} \lambda\mathrm{e}^{-\lambda x}, & x > 0, \\ 0, & \text{其他}. \end{cases}$	$\dfrac{1}{\lambda}$	$\dfrac{1}{\lambda^2}$
正态分布	$f(x) = \dfrac{1}{\sqrt{2\pi}\sigma}\mathrm{e}^{-\frac{(x-\mu)^2}{2\sigma^2}}, \ -\infty < x < +\infty$	μ	σ^2

4. 协方差、相关系数的概念、性质及计算

（1）**协方差、相关系数的定义**：

若 $E[X - E(X)][Y - E(Y)]$ 存在，则称其为随机变量 X 和 Y 的协方差，记为 $\mathrm{Cov}(X, Y)$，即 $\mathrm{Cov}(X, Y) = E\{[X - E(X)][Y - E(Y)]\}$.

当 $D(X) > 0$，$D(Y) > 0$ 时，称 $\rho_{XY} = \dfrac{\mathrm{Cov}(X, Y)}{\sqrt{D(X)} \cdot \sqrt{D(Y)}}$ 为 X 和 Y 的相关系数.

（2）**协方差的性质**：

① $\mathrm{Cov}(X, Y) = \mathrm{Cov}(Y, X)$.

② $\mathrm{Cov}(X, X) = D(X)$.

③ $D(X+Y) = D(X) + D(Y) + 2\mathrm{Cov}(X, Y)$.

上式还可以推广到 n 个随机变量时的情况：
$$D\left(\sum_{i=1}^{n} X_i\right) = \sum_{i=1}^{n} D(X_i) + 2\sum_{i<j} \mathrm{Cov}(X_i, X_j);$$

④ $\mathrm{Cov}(aX,\ bY)=ab\mathrm{Cov}(X,\ Y)$.

⑤ $\mathrm{Cov}(X_1+X_2,\ Y)=\mathrm{Cov}(X_1,\ Y)+\mathrm{Cov}(X_2,\ Y)$.

（3）相关系数 ρ_{XY} 的两条重要性质：

① $|\rho_{XY}|\leqslant 1$.

② $|\rho_{XY}|=1$ 的充要条件是，存在常数 $a,\ b$，使 $P\{Y=aX+b\}=1$.

（4）两个重要结论：

① 相关系数 $\rho_{XY}=0\Leftrightarrow\mathrm{Cov}(X,\ Y)=0\Leftrightarrow X,\ Y$ 不相关.

② 若 $X,\ Y$ 独立，则 $X,\ Y$ 不相关，但反之不一定成立.

三、典型例题

例 4.1 设随机变量 X 的分布律为

X	-1	0	$1/2$	1	2
p_k	$1/3$	$1/6$	$1/6$	$1/12$	$1/4$

试分别求 X，$Y=-X+1$ 和 $Z=X^2$ 的数学期望和方差.

解 计算 X 及其函数的分布律如下：

X	-1	0	$1/2$	1	2
X^2	1	0	$1/4$	1	4
X^4	1	0	$1/16$	1	16
p_k	$1/3$	$1/6$	$1/6$	$1/12$	$1/4$

故由题设及数学期望、方差的定义和性质可得

$$E(X)=\sum_{i=1}^{5}x_i p_i=(-1)\times\frac{1}{3}+0\times\frac{1}{6}+\frac{1}{2}\times\frac{1}{6}+1\times\frac{1}{12}+2\times\frac{1}{4}=\frac{1}{3},$$

$$E(X^2)=\sum_{i=1}^{5}x_i^2 p_i=(-1)^2\times\frac{1}{3}+0\times\frac{1}{6}+\left(\frac{1}{2}\right)^2\times\frac{1}{6}+1\times\frac{1}{12}+2^2\times\frac{1}{4}$$

$$=\frac{35}{24},$$

$$E(X^4)=\sum_{i=1}^{5}x_i^4 p_i=(-1)^4\times\frac{1}{3}+0^4\times\frac{1}{6}+\left(\frac{1}{2}\right)^4\times\frac{1}{6}+1^4\times\frac{1}{12}+2^4\times\frac{1}{4}$$

$$=\frac{425}{96},$$

$$E(Y)=E(-X+1)=-E(X)+1=-\frac{1}{3}+1=\frac{2}{3},$$

$$E(Z)=E(X^2)=\frac{35}{24},$$

$$D(X)=E(X^2)-[E(X)]^2=\frac{35}{24}-\left(\frac{1}{3}\right)^2=\frac{105-8}{72}=\frac{97}{72},$$

$$D(Y)=D(-X+1)=D(X)=\frac{97}{72},$$

$$D(Z)=E(Z^2)-[E(Z)]^2=E(X^4)-[E(X^2)]^2=\frac{425}{96}-\left(\frac{35}{24}\right)^2=\frac{1325}{576}.$$

例 4.2　设随机变量 (X,Y) 的联合分布律如下：

X \ Y	0	1
0	$\frac{1}{4}$	0
1	$\frac{1}{4}$	$\frac{1}{2}$

求 $E(X)$，$E(Y)$，$D(X)$，$D(Y)$，$\mathrm{Cov}(X,Y)$ 和 ρ_{XY}.

解　由题设及数学期望、方差的定义和性质可得

$$E(X)=0\times\left(\frac{1}{4}+0\right)+1\times\left(\frac{1}{4}+\frac{1}{2}\right)=\frac{3}{4},$$

$$E(Y)=0\times\left(\frac{1}{4}+\frac{1}{4}\right)+1\times\left(0+\frac{1}{2}\right)=\frac{1}{2},$$

$$D(X)=E(X^2)-[E(X)]^2=0^2\times\left(\frac{1}{4}+0\right)+1^2\times\left(\frac{1}{4}+\frac{1}{2}\right)-\left(\frac{3}{4}\right)^2=\frac{3}{16},$$

$$D(Y)=E(Y^2)-[E(Y)]^2=0^2\times\left(\frac{1}{4}+\frac{1}{4}\right)+1^2\times\left(0+\frac{1}{2}\right)-\left(\frac{1}{2}\right)^2=\frac{1}{4},$$

$$E(XY)=0\times\left(\frac{1}{4}+\frac{1}{4}\right)+1\times\frac{1}{2}=\frac{1}{2},$$

$$\mathrm{Cov}(X,Y)=E(XY)-E(X)E(Y)=\frac{1}{2}-\frac{3}{4}\times\frac{1}{2}=\frac{1}{8},$$

$$\rho_{XY}=\frac{\mathrm{Cov}(X,Y)}{\sqrt{D(X)D(Y)}}=\frac{\frac{1}{8}}{\sqrt{\frac{3}{16}\times\frac{1}{4}}}=\frac{\sqrt{3}}{3}.$$

例 4.3　设随机变量 X 的密度函数为

$$f(x)=\begin{cases}\mathrm{e}^{-x}, & x>0,\\ 0, & \text{其他},\end{cases}$$

试求：(1) $E(X^2)$；(2) $E(\mathrm{e}^{-\frac{1}{2}X^2+X})$.

解 X 的密度函数为 $f(x) = \begin{cases} e^{-x}, & x>0, \\ 0, & \text{其他}, \end{cases}$ 故

(1) $E(X^2) = \int_{-\infty}^{+\infty} x^2 f(x)\mathrm{d}x = \int_0^{+\infty} x^2 e^{-x}\mathrm{d}x = -(x^2+2x+2)e^{-x}\Big|_0^{+\infty} = 2;$

(2) $E(e^{-\frac{1}{2}X^2+X}) = \int_0^{+\infty} e^{-\frac{1}{2}x^2+x} \cdot e^{-x}\mathrm{d}x = \int_0^{+\infty} e^{-\frac{1}{2}x^2}\mathrm{d}x = \sqrt{2\pi}\int_0^{+\infty} \frac{1}{\sqrt{2\pi}}e^{-\frac{1}{2}x^2}\mathrm{d}x$

$$= \frac{\sqrt{2\pi}}{2}.$$

例 4.4 设二维随机变量 (X, Y) 服从区域 $D = \{(x, y) \mid 0<x<1, 0<y<x\}$ 上的均匀分布，试求 $E(X)$，$E(Y)$，$D(X)$，$D(Y)$，$\mathrm{Cov}(X, Y)$ 和 ρ_{XY}.

解 区域 D 的面积为

$$S_D = \iint\limits_D 1\mathrm{d}x\mathrm{d}y = \int_0^1 \mathrm{d}x \int_0^x 1\mathrm{d}y = \frac{1}{2},$$

故 (X, Y) 的联合密度函数为

$$f(x, y) = \begin{cases} 2, & (x, y)\in D, \\ 0, & (x, y)\notin D, \end{cases}$$

则 X 的边缘密度函数为

$$f_X(x) = \int_{-\infty}^{+\infty} f(x, y)\mathrm{d}y = \begin{cases} 2x, & 0<x<1, \\ 0, & \text{其他}. \end{cases}$$

类似地，求得 Y 的边缘密度函数为

$$f_Y(y) = \int_{-\infty}^{+\infty} f(x, y)\mathrm{d}x = \begin{cases} 2(1-y), & 0<y<1, \\ 0, & \text{其他}. \end{cases}$$

故 $\quad E(X) = \int_0^1 x \cdot 2x\mathrm{d}x = \frac{2}{3},$

$\quad E(X^2) = \int_0^1 x^2 \cdot 2x\mathrm{d}x = \frac{1}{2},$

$\quad D(X) = E(X^2) - [E(X)]^2 = \frac{1}{2} - \left(\frac{2}{3}\right)^2 = \frac{1}{18},$

$\quad E(Y) = \int_0^1 y \cdot 2(1-y)\mathrm{d}y = \frac{1}{3},$

$\quad E(Y^2) = \int_0^1 y^2 \cdot 2(1-y)\mathrm{d}y = \frac{1}{6},$

$\quad D(Y) = E(Y^2) - [E(Y)]^2 = \frac{1}{6} - \left(\frac{1}{3}\right)^2 = \frac{1}{18},$

$\quad E(XY) = \iint\limits_{\mathbf{R}^2} xy \cdot f(x, y)\mathrm{d}x\mathrm{d}y = \iint\limits_D xy \cdot 2\mathrm{d}x\mathrm{d}y = \int_0^1 \mathrm{d}x\int_0^x 2xy\mathrm{d}y = \frac{1}{4},$

$$\text{Cov}(X, Y) = E(XY) - E(X)E(Y) = \frac{1}{4} - \frac{2}{3} \times \frac{1}{3} = \frac{1}{36},$$

$$\rho_{XY} = \frac{\text{Cov}(X,Y)}{\sqrt{D(X)D(Y)}} = \frac{\frac{1}{36}}{\sqrt{\frac{1}{18} \times \frac{1}{18}}} = \frac{1}{2}.$$

题注：本题也可直接利用联合密度函数计算，而无需先求边缘密度函数．如：

$$E(X) = \iint_{\mathbf{R}^2} x f(x, y)\mathrm{d}x\mathrm{d}y = \iint_D 2x\mathrm{d}x\mathrm{d}y = \int_0^1 \mathrm{d}x \int_0^x 2x\mathrm{d}y = \int_0^1 2x^2 \mathrm{d}x = \frac{2}{3},$$

$$E(X^2) = \iint_{\mathbf{R}^2} x^2 f(x, y)\mathrm{d}x\mathrm{d}y = \iint_D 2x^2 \mathrm{d}x\mathrm{d}y = \int_0^1 \mathrm{d}x \int_0^x 2x^2 \mathrm{d}y = \int_0^1 2x^3 \mathrm{d}x = \frac{1}{2}.$$

例 4.5　某工厂生产的某种设备的寿命 X（以年计）服从指数分布，密度函数为

$$f(x) = \begin{cases} \frac{1}{4}\mathrm{e}^{-\frac{1}{4}x}, & x > 0, \\ 0, & x \leqslant 0, \end{cases}$$

工厂规定：出售的设备若在一年内损坏，可予以调换．如果工厂出售一台设备可赢利 100 元，调换一台设备厂方需花费 300 元．试求厂方出售一台设备净赢利的数学期望．

解　依题设可知：一台设备在一年内损坏的概率为

$$P\{X < 1\} = \frac{1}{4}\int_0^1 \mathrm{e}^{-\frac{1}{4}x}\mathrm{d}x = -\mathrm{e}^{-\frac{x}{4}}\Big|_0^1 = 1 - \mathrm{e}^{-\frac{1}{4}}.$$

设 Y 表示出售一台设备的净赢利，则

$$Y = f(X) = \begin{cases} -200, & X < 1, \\ 100, & X \geqslant 1, \end{cases}$$

所以

$$E(Y) = (-200) \cdot P\{X < 1\} + 100 \cdot P\{X \geqslant 1\}$$
$$= -200(1 - \mathrm{e}^{-\frac{1}{4}}) + 100\mathrm{e}^{-\frac{1}{4}}$$
$$= 300\mathrm{e}^{-\frac{1}{4}} - 200 \approx 33.64.$$

题注：本题已知设备的寿命的分布，而要求的是出售设备的赢利的均值，故必须建立出售设备的赢利与设备的使用寿命之间的函数关系，这是有关数学期望计算的一种典型问题．

例 4.6　一辆机场接送车从始发站出发时有 20 名乘客，到达终点站一共有 10 个站（包含终点站）可以下车，如到达一个车站没有乘客下车就可以不停车，以 X 表示停车的次数，若每个乘客在各个车站下车是等可能的，求 $E(X)$．

解 引入随机变量 X_i，令
$$X_i = \begin{cases} 0, & \text{第 } i \text{ 个车站无人下车,} \\ 1, & \text{第 } i \text{ 个车站有人下车} \end{cases} \quad (i=1, 2, \cdots, 10),$$

则易知 $X = \sum\limits_{i=1}^{10} X_i$.

由题意，任一乘客在第 i 个车站不下车的概率是 $\dfrac{9}{10}$，因此 20 位乘客都不在第 i 站下车的概率为 $\left(\dfrac{9}{10}\right)^{20}$，所以在第 i 站有人下车的概率为 $1-\left(\dfrac{9}{10}\right)^{20}$ $(i=1, 2, \cdots, 10)$，故 X_i 的分布律为

X_i	0	1
P	$\left(\dfrac{9}{10}\right)^{20}$	$1-\left(\dfrac{9}{10}\right)^{20}$

故
$$E(X_i) = 1-\left(\frac{9}{10}\right)^{20}, \quad i=1, 2, \cdots, 10,$$
进而有
$$E(X) = E\left(\sum_{i=1}^{10} X_i\right) = \sum_{i=1}^{10} E(X_i) = 10 \cdot \left[1-\left(\frac{9}{10}\right)^{20}\right] \approx 8.78.$$

题注：本题如果直接考虑 10 个车站总的停车次数 X 的分布，则是一个较为复杂的问题，当将 X 分解为每个车站的停车次数之和后，情形就变得简单了. 将复杂事件分解为简单事件之和，是概率计算或分析随机变量分布时的常用方法.

例 4.7 设随机变量 X 服从参数为 $\lambda (\lambda > 0)$ 的泊松分布，且已知 $E[(X-2)(X-3)]=2$，求 $P\{X=1\}$.

解 由已知条件 $E[(X-2)(X-3)]=2$，可算得 $E(X^2-5X+6)=2$，即
$$E(X^2)-5E(X)+6=2,$$
$$E(X^2)-5E(X)+4=0,$$
而 $E(X^2)=D(X)+[E(X)]^2=\lambda+\lambda^2$，且 $E(X)=\lambda$，这样则可得
$$\lambda^2+\lambda-5\lambda+4=\lambda^2-4\lambda+4=0,$$
解得 $\lambda=2$，故
$$P\{X=1\}=\lambda e^{-\lambda}/1! = 2e^{-2}.$$

题注：本问题的关键是根据已知条件确定泊松分布的参数 λ.

例 4.8 某人有 n 把钥匙，其中只有一把能打开房门，今任取一把试开，如不能打开房门则舍去，再任取一把，直至能打开房门为止，求打开此门所需要的试开次数的数学期望和方差.

解　假设所需要试开次数为 X，则 X 的可能取值为 1，2，$\cdots$，n，事件 $\{X=k\}$ 就表示前 $k-1$ 次试开都没有打开，而在第 k 次试开时将房门打开，其中 $k=1$，2，$\cdots$，n，故

$$P\{X=k\}=\frac{n-1}{n}\cdot\frac{n-2}{n-1}\cdot\cdots\cdot\frac{n-(k-1)}{n-(k-1)+1}\cdot\frac{1}{n-(k-1)}=\frac{1}{n},\ k=1,\ 2,\ \cdots,\ n,$$

因此

$$E(X)=\sum_{k=1}^{n}k\cdot\frac{1}{n}=\frac{n+1}{2},$$

$$E(X^2)=\sum_{k=1}^{n}k^2\cdot\frac{1}{n}=\frac{n(n+1)(2n+1)}{6}\cdot\frac{1}{n}=\frac{(n+1)(2n+1)}{6},$$

所以　$D(X)=E(X^2)-[E(X)]^2=\frac{(n+1)(2n+1)}{6}-\left(\frac{n+1}{2}\right)^2=\frac{n^2-1}{12}.$

例 4.9　随机变量 X 的概率密度为

$$f(x)=\frac{1}{\pi(1+x^2)},\ x\in\mathbf{R},$$

该分布称为柯西分布，试证明：数学期望 $E(X)$ 不存在.

证　由数学期望的定义，只要证明积分 $\int_{-\infty}^{+\infty}|x|f(x)\mathrm{d}x$ 不收敛. 事实上，

$$\int_{-\infty}^{+\infty}|x|f(x)\mathrm{d}x=\int_{-\infty}^{+\infty}|x|\frac{1}{\pi(1+x^2)}\mathrm{d}x=2\int_{0}^{+\infty}\frac{x}{\pi(1+x^2)}\mathrm{d}x$$

$$=\frac{1}{\pi}\ln(1+x^2)\Big|_{0}^{+\infty}=+\infty,$$

所以柯西分布的数学期望 $E(X)$ 不存在.

题注：本问题说明不是所有的随机变量的数学期望都存在.

例 4.10　设随机变量 (X,Y) 的联合密度函数为

$$f(x,\ y)=\begin{cases}x+y,&0<x<1,\ 0<y<1,\\0,&\text{其他,}\end{cases}$$

试求：(1) $E\{|X-Y|\}$；(2) $E(\max\{X,\ Y\})$.

解　(1) 由题意得

$$E(|X-Y|)=\int_{-\infty}^{+\infty}\int_{-\infty}^{+\infty}|x-y|f(x,y)\mathrm{d}x\mathrm{d}y$$

$$=\iint_{x>y}(x-y)f(x,\ y)\mathrm{d}x\mathrm{d}y+\iint_{y>x}(y-x)f(x,\ y)\mathrm{d}x\mathrm{d}y$$

$$=\int_{0}^{1}\int_{0}^{x}(x^2-y^2)\mathrm{d}x\mathrm{d}y+\int_{0}^{1}\int_{0}^{y}(y^2-x^2)\mathrm{d}x\mathrm{d}y$$

$$=\int_{0}^{1}\frac{2}{3}x^3\mathrm{d}x+\int_{0}^{1}\frac{2}{3}y^3\mathrm{d}y=\frac{1}{3}.$$

(2) 因为 $\max\{X,\ Y\}=\dfrac{X+Y+|X-Y|}{2}$，所以

$$E(\max\{X,\ Y\})=E\left(\frac{X+Y+|X-Y|}{2}\right)=E\left(\frac{X+Y}{2}+\frac{|X-Y|}{2}\right)$$

$$=\frac{1}{2}E(X+Y)+\frac{1}{2}E(|X-Y|)$$

$$=\frac{1}{2}\int_{-\infty}^{+\infty}\int_{-\infty}^{+\infty}(x+y)f(x,\ y)\mathrm{d}x\mathrm{d}y+\frac{1}{2}E(|X-Y|),$$

由(1)的结果可知

$$E(\max\{X,Y\})=\frac{1}{2}\int_{0}^{1}\int_{0}^{1}(x+y)^2\mathrm{d}x\mathrm{d}y+\frac{1}{2}\cdot\frac{1}{3}=\frac{1}{2}\int_{0}^{1}\frac{1}{3}(x+y)^3\Big|_{0}^{1}\mathrm{d}x+\frac{1}{6}$$

$$=\frac{1}{6}\int_{0}^{1}(3x^2+3x+1)\mathrm{d}x+\frac{1}{6}=\frac{1}{6}\left(x^3+\frac{3}{2}x^2+x\right)\Big|_{0}^{1}+\frac{1}{6}$$

$$=\frac{1}{6}\cdot\frac{7}{2}+\frac{1}{6}=\frac{3}{4},$$

故 $E(\max\{X,\ Y\})=\dfrac{3}{4}$.

例 4.11　对于两个随机变量 $X,\ Y$，若 $E(X^2)$，$E(Y^2)$ 存在，证明柯西—施瓦茨(Cauchy - Schwarz)不等式：$[E(XY)]^2\leqslant E(X^2)E(Y^2)$.

证　对 $\forall\,t>0$，

$$E(Y-tX)^2=E(Y^2)-2tE(XY)+t^2E(X^2)\geqslant 0,$$

上式左边是 t 的一元二次函数，且恒非负，故有

$$\Delta=4[E(XY)]^2-4E(X^2)E(Y^2)\leqslant 0,$$

故 $[E(XY)]^2\leqslant E(X^2)E(Y^2)$，即柯西—施瓦茨不等式成立.

四、疑难解析

【问题 4.1】　随机变量的数学期望与实际观测数据的均值之间有何区别与联系？

【答】　随机变量的数学期望与实际观测数据的均值之间的区别有两方面. 一方面，二者的定义不同，随机变量的数学期望是以概率为权重的均值，而实际观测数据的均值是以数据出现的频率为权重；另一方面，不是每一个随机变量的数学期望都存在，如本章的例 4.9 所述的柯西分布的数学期望是不存在的，但任意一组观测数据的均值都是可求的.

数学期望与观测数据的均值之间又有联系，从理论上讲，当数学期望存在时，观测数据越多，其均值越接近于数学期望，这一点可由下一章的大数定律

得以揭示.

【问题 4.2】　"两个随机变量不相关"与"两个随机变量相互独立"之间有何关系?

【答】　当随机变量 X 与 Y 的相关系数 $\rho_{XY}=0$ 时,我们称 X 与 Y 不相关,此时说明两个随机变量之间没有线性关系,但不排除有其他关系,不能推断 X 与 Y 相互独立,如若 X 服从区间 $[-1,1]$ 上的均匀分布,$Y=X^2$,则

$$E(X)=0,\ E(Y)=E(X^2)=\frac{1}{3},$$

$$\mathrm{Cov}(X,Y)=E(XY)-E(X)E(Y)=E(X^3)=\int_{-1}^{1}\frac{1}{2}x^3\mathrm{d}x=0,$$

从而 $\rho_{XY}=0$,所以 X 与 Y 不相关,但显然 X 与 Y 不独立,可见相关系数只是一个揭示两个随机变量之间线性关系强弱的指标,不能反映其他的关系.但反过来,若 X 与 Y 相互独立,则 $E(XY)=E(X)E(Y)$,必有 $\rho_{XY}=0$,即 X 与 Y 不相关.

可见,若 X 与 Y 相互独立,则 X 与 Y 一定不相关,但 X 与 Y 不相关,不能推断 X 与 Y 相互独立.

五、习题选解

1. 把 4 个球随机地投入 4 个盒子中,设 X 表示空盒子的个数,求 $E(X)$ 和 $D(X)$.

解　先求 X 的概率分布. X 的可能取值为 0,1,2,3,且

$$P\{X=0\}=\frac{4!}{4^4}=\frac{6}{64},$$

$$P\{X=1\}=\frac{3C_4^1C_4^1C_3^1}{4^4}=\frac{36}{64},$$

$$P\{X=2\}=\frac{C_4^2(2C_4^3+C_4^2)}{4^4}=\frac{21}{64},$$

$$P\{X=3\}=\frac{4}{4^4}=\frac{1}{64},$$

于是

$$E(X)=0\cdot\frac{6}{64}+1\cdot\frac{36}{64}+2\cdot\frac{21}{64}+3\cdot\frac{1}{64}=\frac{81}{64},$$

$$E(X^2)=0^2\cdot\frac{6}{64}+1^2\cdot\frac{36}{64}+2^2\cdot\frac{21}{64}+3^2\cdot\frac{1}{64}=\frac{129}{64},$$

$$D(X)=E(X^2)-[E(X)]^2=\frac{129}{64}-\left(\frac{81}{64}\right)^2=\frac{1695}{64^2}.$$

2. 设随机变量 X 的密度函数为 $f(x)=\begin{cases}2(1-x),&0<x<1,\\0,&\text{其他,}\end{cases}$ 求 $E(X)$ 和

$D(X)$.

解 由连续型随机变量的数学期望及方差的定义，可得

$$E(X)=\int_{-\infty}^{+\infty}xf(x)\mathrm{d}x=\int_0^1 x\cdot 2(1-x)\mathrm{d}x=\int_0^1 2x\mathrm{d}x-\int_0^1 2x^2\mathrm{d}x=\frac{1}{3},$$

$$D(X)=\int_0^1\left(x-\frac{1}{3}\right)^2\cdot 2(1-x)\mathrm{d}x=2\int_0^1\left(x^2-\frac{2}{3}x+\frac{1}{9}\right)\cdot(1-x)\mathrm{d}x=\frac{1}{18}.$$

3. 设 X 表示 10 次独立重复射击命中目标的次数，每次命中目标的概率为 0.4，求 $E(X^2)$.

解 由于 X 服从二项分布 $B(10,0.4)$，所以

$$E(X)=10\times 0.4=4,\quad D(X)=10\times 0.4\times(1-0.4)=2.4,$$

于是有 $$E(X^2)=D(X)+[E(X)]^2=18.4.$$

4. 设一部机器在一天内发生故障的概率为 0.2，机器发生故障时全天停止工作，一周 5 个工作日，若无故障，可获利润 10 万元；发生一次故障仍可获利润 5 万元；若发生两次故障，获利润 0 元；若发生 3 次或 3 次以上故障就要亏损 2 万元．求一周内的利润期望．

解 设这部机器一周内有 X 天会发生故障，一周的利润为 Y 万元，由题意可知 $X\sim B(5,0.2)$，且

$$Y=\begin{cases}10, & X=0,\\ 5, & X=1,\\ 0, & X=2,\\ -2, & X\geqslant 3,\end{cases}$$

则 $E(Y)=10\cdot P\{X=0\}+5\cdot P\{X=1\}+0\cdot P\{X=2\}+(-2)\cdot P\{X\geqslant 3\}$
$=10C_5^0(0.2)^0(0.8)^5+5C_5^1(0.2)^1(0.8)^4-2[1-C_5^0(0.2)^0(0.8)^5-$
$C_5^1(0.2)^1(0.8)^4-C_5^2(0.2)^2(0.8)^3]$
$=5.2090.$

5. 设随机变量 X 的密度函数为

$$f(x)=\begin{cases}\mathrm{e}^{-x}, & x>0,\\ 0, & 其他,\end{cases}$$

求：(1) $Y=2X$ 的数学期望；(2) $Y=\mathrm{e}^{-2X}$ 的数学期望．

解 (1) 由于 X 服从参数为 1 的指数分布，故 $E(X)=1$，从而
$$E(Y)=E(2X)=2E(X)=2.$$

(2) $E(Y)=E(\mathrm{e}^{-2X})=\int_0^{+\infty}\mathrm{e}^{-2x}\mathrm{e}^{-x}\mathrm{d}x=\int_0^{+\infty}\mathrm{e}^{-3x}\mathrm{d}x=\frac{1}{3}.$

6. 设随机变量 ξ 和 η 相互独立，且服从同一分布，已知 ξ 的分布律为

$$P\{\xi=i\}=\frac{1}{3},\ i=1,\ 2,\ 3.$$

又设 $X=\max\{\xi,\ \eta\}$, $Y=\min\{\xi,\ \eta\}$.

（1）求二维随机变量 $(X,\ Y)$ 的分布律；

（2）求 $E(X)$ 和 $E(X/Y)$.

解　（1）由题设可得 $(\xi,\ \eta)$ 的分布律为

η \ ξ	1	2	3
1	$\frac{1}{9}$	$\frac{1}{9}$	$\frac{1}{9}$
2	$\frac{1}{9}$	$\frac{1}{9}$	$\frac{1}{9}$
3	$\frac{1}{9}$	$\frac{1}{9}$	$\frac{1}{9}$

于是 $(X,\ Y)$ 的分布律为

Y \ X	1	2	3
1	$\frac{1}{9}$	$\frac{2}{9}$	$\frac{2}{9}$
2	0	$\frac{1}{9}$	$\frac{2}{9}$
3	0	0	$\frac{1}{9}$

（2）由 $(X,\ Y)$ 的分布律可得

$$E(X)=1\times\frac{1}{9}+2\times\left(\frac{2}{9}+\frac{1}{9}\right)+3\times\left(\frac{2}{9}+\frac{2}{9}+\frac{1}{9}\right)=\frac{22}{9},$$

$$E(X/Y)=\frac{1}{1}\times\frac{1}{9}+\frac{2}{1}\times\frac{2}{9}+\frac{3}{1}\times\frac{2}{9}+\frac{2}{2}\times\frac{1}{9}+\frac{3}{2}\times\frac{2}{9}+\frac{3}{3}\times\frac{1}{9}=\frac{16}{9}.$$

7. 设随机变量 X，Y 分别服从参数为 2 和 4 的指数分布，

（1）求 $E(X+Y)$，$E(2X-3Y^2)$；

（2）设 X，Y 相互独立，求 $E(XY)$，$D(X+Y)$.

解　（1）由于 X，Y 分别服从参数为 2 和 4 的指数分布，故

$$E(X)=\frac{1}{2},\ E(Y)=\frac{1}{4},\ D(X)=\frac{1}{4},\ D(Y)=\frac{1}{16},$$

因此　　　　　　　$E(X+Y)=E(X)+E(Y)=\frac{3}{4}.$

又　　　　　　　$E(Y^2)=D(Y)+[E(Y)]^2=\frac{1}{16}+\frac{1}{16}=\frac{1}{8},$

从而 $\qquad E(2X-3Y^2)=2E(X)-3E(Y^2)=1-3\times\dfrac{1}{8}=\dfrac{5}{8}$.

(2) 因为 X 与 Y 相互独立，所以

$$E(XY)=E(X)E(Y)=\dfrac{1}{8},$$

$$D(X+Y)=D(X)+D(Y)=\dfrac{5}{16}.$$

8. 设 $X\sim N(1,\ 2)$，$Y\sim N(0,\ 1)$，且 X 和 Y 相互独立，求随机变量 $Z=2X-Y+3$ 的密度函数.

解 因为正态分布随机变量的线性组合仍服从正态分布，所以 $Z=2X-Y+3$ 也服从正态分布，且

$$E(Z)=E(2X-Y+3)=2E(X)-E(Y)+3=5,$$

$$D(Z)=D(2X-Y+3)=4D(X)+D(Y)=9,$$

即有 $\qquad Z=2X-Y+3\sim N(5,\ 9)$，

从而随机变量 $Z=2X-Y+3$ 的密度函数为

$$f(z)=\dfrac{1}{\sqrt{2\pi}\cdot 3}\mathrm{e}^{-\frac{(z-5)^2}{2\cdot 9}}=\dfrac{1}{3\sqrt{2\pi}}\mathrm{e}^{-\frac{(z-5)^2}{18}}.$$

9. 设有 10 个猎人正等着野鸭飞过来，当一群野鸭飞过头顶时，他们同时开了枪，但他们每个人都是随机地、彼此独立地选择自己的目标. 如果每个猎人独立地射中其目标的概率均为 p，试求当 10 只野鸭飞来时，没有被击中而飞走的野鸭数的期望值.

解 设

$$X_i=\begin{cases}1, & \text{第 } i \text{ 个野鸭未被击中,}\\ 0, & \text{第 } i \text{ 个野鸭被击中,}\end{cases}\quad i=1,\ 2,\ \cdots,\ 10,$$

则飞走的野鸭的期望值可表示为

$$E(X_1+X_2+\cdots+X_{10})=E(X_1)+E(X_2)+\cdots+E(X_{10}).$$

又由于 $\qquad E(X_i)=P\{X_i=1\}=\left(1-\dfrac{p}{10}\right)^{10}$，

因此 $\qquad E(X)=E(X_1+X_2+\cdots+X_{10})=10\left(1-\dfrac{p}{10}\right)^{10}$.

题注：本题中，"$X_i=1$" 意味着 10 个猎人都未击中第 i 只野鸭. 事件"一个猎人没有击中第 i 只野鸭"是事件"猎人没有选第 i 只野鸭为目标，故没击中"与事件"猎人以第 i 只野鸭为目标，但没击中"的和事件，故其概率等于 $\dfrac{9}{10}\times 1+\dfrac{1}{10}\times(1-p)=1-\dfrac{p}{10}$，所以 $P\{X_i=1\}=\left(1-\dfrac{p}{10}\right)^{10}$. 本题中，如果直接考虑 10 只野

鸭中飞走的只数 X 的分布，是比较困难的，将其分解为每只野鸭的分布情况后，情形就简单了，这是计算概率或分析随机变量分布时常用且有效的方法.

10. 设随机变量 X 服从拉普拉斯分布，其密度函数为

$$f(x) = \frac{1}{2}e^{-|x|}, \quad -\infty < x < +\infty.$$

(1) 求 $E(X)$ 和 $D(X)$；

(2) 求 X 与 $|X|$ 的协方差，并判断 X 与 $|X|$ 的相关性；

(3) 问 X 与 $|X|$ 是否相互独立？

解　(1) $E(X) = \int_{-\infty}^{+\infty} xf(x)\mathrm{d}x = \int_{-\infty}^{+\infty} x \cdot \frac{1}{2}e^{-|x|}\mathrm{d}x = 0$，

$$E(X^2) = \int_{-\infty}^{+\infty} x^2 f(x)\mathrm{d}x = \int_{-\infty}^{+\infty} x^2 \cdot \frac{1}{2}e^{-|x|}\mathrm{d}x = \int_{0}^{+\infty} x^2 e^{-x}\mathrm{d}x = 2,$$

所以　　　　　　　　　$D(X) = E(X^2) - [E(X)]^2 = 2.$

(2) $\mathrm{Cov}(X, |X|) = E(X|X|) - E(X)E(|X|)$

$$= \int_{-\infty}^{+\infty} x|x|f(x)\mathrm{d}x - 0 = \int_{-\infty}^{+\infty} x \cdot |x| \cdot \frac{1}{2}e^{-|x|}\mathrm{d}x = 0,$$

故 X 与 $|X|$ 不相关.

(3) 因为

$$P\{X \leqslant 1\} = \int_{-\infty}^{1} f(x)\mathrm{d}x = \int_{-\infty}^{1} \frac{1}{2}e^{-|x|}\mathrm{d}x$$

$$= 1 - \int_{1}^{+\infty} \frac{1}{2}e^{-|x|}\mathrm{d}x = 1 - \frac{1}{2e},$$

$$P\{|X| \leqslant 1\} = \int_{-1}^{1} f(x)\mathrm{d}x = \int_{-1}^{1} \frac{1}{2}e^{-|x|}\mathrm{d}x$$

$$= \int_{0}^{1} e^{-x}\mathrm{d}x = 1 - \frac{1}{e},$$

$$P\{X \leqslant 1, |X| \leqslant 1\} = P\{|X| \leqslant 1\} = 1 - \frac{1}{e},$$

所以　　　　　　$P\{X \leqslant 1, |X| \leqslant 1\} \neq P\{X \leqslant 1\}P\{|X| \leqslant 1\}.$

可见 X 与 $|X|$ 不相互独立.

11. 某流水生产线上每个产品不合格的概率为 $p(0 < p < 1)$，各产品合格与否相互独立，当出现一个不合格品时即停机检修. 设开机后第一次停机时已产生了的产品个数为 X，求 $E(X)$ 和 $D(X)$.

解　记 $A_k = \{$生产的第 k 个产品是合格品$\}$，$k = 1, 2, \cdots$，而 X 可能取的值为全体自然数.

由题意得

$$P\{X=k\}=P(A_1 A_2 \cdots A_{k-1} \overline{A}_k)=P(A_1)P(A_2)\cdots P(A_{k-1})P(\overline{A}_k)$$
$$=(1-p)^{k-1}p, \; k=1,\, 2,\, \cdots,$$

于是
$$E(X)=\sum_{k=1}^{+\infty} kP\{X=k\}=\sum_{k=1}^{+\infty} k(1-p)^{k-1}p.$$

因为
$$\sum_{k=1}^{+\infty} kx^{k-1}=\sum_{k=1}^{+\infty}(x^k)'=\left(\sum_{k=1}^{+\infty} x^k\right)'=\left(\frac{x}{1-x}\right)'=\frac{1}{(1-x)^2},$$

所以 $E(X)=\sum_{k=1}^{+\infty} kP\{X=k\}=\sum_{k=1}^{+\infty} k(1-p)^{k-1}p=p\cdot\dfrac{1}{[1-(1-p)]^2}=\dfrac{1}{p}.$

又因为
$$\sum_{k=1}^{+\infty} k^2 x^{k-1}=\sum_{k=1}^{+\infty}(kx^k)'=\left(\sum_{k=1}^{+\infty}(k+1)x^k-\sum_{k=1}^{+\infty} x^k\right)'=\left(\sum_{k=1}^{+\infty}(x^{k+1})'-\frac{x}{1-x}\right)'$$
$$=\left(\sum_{k=1}^{+\infty} x^{k+1}\right)''-\left(\frac{x}{1-x}\right)'=\left(\frac{x^2}{1-x}\right)''-\left(\frac{x}{1-x}\right)'=\frac{1+x}{(1-x)^3},$$

于是
$$E(X^2)=\sum_{k=1}^{+\infty} k^2 P\{X=k\}=\sum_{k=1}^{+\infty} k^2(1-p)^{k-1}p=p\cdot\frac{1+(1-p)}{[1-(1-p)]^3}=\frac{2-p}{p^2},$$

故
$$D(X)=E(X^2)-[E(X)]^2=\frac{2-p}{p^2}-\frac{1}{p^2}=\frac{1-p}{p^2}.$$

12. 设随机变量 X 在区间 $(-1,\,1)$ 上服从均匀分布，随机变量
$$Y=\begin{cases} -1, & X<0, \\ 0, & X=0, \\ 1, & X>0, \end{cases}$$

求 $E(Y)$ 和 $D(Y)$.

解 由题意，X 的密度函数为
$$f(x)=\begin{cases} \dfrac{1}{2}, & -1<x<1, \\ 0, & \text{其他}, \end{cases}$$

则
$$P\{X>0\}=\int_0^{+\infty} f(x)\mathrm{d}x=\int_0^1 \frac{1}{2}\mathrm{d}x=\frac{1}{2},$$

$$P\{X<0\}=\int_{-\infty}^0 f(x)\mathrm{d}x=\int_{-1}^0 \frac{1}{2}\mathrm{d}x=\frac{1}{2},$$

故 $E(Y)=1\cdot P\{X>0\}+0\cdot P\{X=0\}+(-1)\cdot P\{X<0\}=\dfrac{1}{2}-\dfrac{1}{2}=0,$

$$E(Y^2)=1^2\cdot P\{X>0\}+0^2\cdot P\{X=0\}+(-1)^2\cdot P\{X<0\}=\frac{1}{2}+\frac{1}{2}=1,$$

故
$$D(Y)=E(Y^2)-[E(Y)]^2=1.$$

13. 设随机变量 X 的密度函数为

$$f(x) = \begin{cases} \dfrac{1}{2}\cos\dfrac{x}{2}, & 0 < x < \pi, \\ 0, & 其他, \end{cases}$$

对 X 独立地观察 4 次，用 Y 表示观察值大于 $\dfrac{\pi}{3}$ 的次数，求 Y^2 的数学期望.

解　因为　$P\left\{X > \dfrac{\pi}{3}\right\} = \displaystyle\int_{\frac{\pi}{3}}^{+\infty} f(x)\,\mathrm{d}x = \int_{\frac{\pi}{3}}^{\pi} \dfrac{1}{2}\cos\dfrac{x}{2}\,\mathrm{d}x = \dfrac{1}{2}$,

故 $Y \sim B\left(4, \dfrac{1}{2}\right)$，得

$$E(Y) = 4 \cdot \dfrac{1}{2} = 2, \quad D(Y) = 4 \cdot \dfrac{1}{2} \cdot \dfrac{1}{2} = 1,$$

所以　　　　　　　$E(Y^2) = D(Y) + [E(Y)]^2 = 1 + 4 = 5.$

14. 设随机变量 Y 服从参数为 1 的指数分布，随机变量

$$X_k = \begin{cases} 1, & Y > k, \\ 0, & Y \leqslant k \end{cases} \quad (k = 1, 2),$$

求：(1) (X_1, X_2) 的分布律；(2) $E(X_1 + X_2)$.

解　由已知，Y 的密度函数为

$$f(y) = \begin{cases} \mathrm{e}^{-y}, & y > 0, \\ 0, & y \leqslant 0. \end{cases}$$

(X_1, X_2) 的所有可能取值为 $(0, 0)$, $(0, 1)$, $(1, 0)$, $(1, 1)$.

(1) $P\{X_1 = 0, X_2 = 0\} = P\{Y \leqslant 1, Y \leqslant 2\} = P\{Y \leqslant 1\} = \displaystyle\int_0^1 \mathrm{e}^{-y}\,\mathrm{d}y$

$$= 1 - \mathrm{e}^{-1},$$

$P\{X_1 = 0, X_2 = 1\} = P\{Y \leqslant 1, Y > 2\} = 0,$

$P\{X_1 = 1, X_2 = 0\} = P\{Y > 1, Y \leqslant 2\} = P\{1 < Y \leqslant 2\}$

$$= \int_1^2 \mathrm{e}^{-y}\,\mathrm{d}y = \mathrm{e}^{-1} - \mathrm{e}^{-2},$$

$P\{X_1 = 1, X_2 = 1\} = P\{Y > 1, Y > 2\} = P\{Y > 2\} = \displaystyle\int_2^{+\infty} \mathrm{e}^{-y}\,\mathrm{d}y$

$$= \mathrm{e}^{-2}.$$

(2) $E(X_1 + X_2) = E(X_1) + E(X_2) = P\{Y > 1\} + P\{Y > 2\}$

$$= \int_1^{+\infty} \mathrm{e}^{-y}\,\mathrm{d}y + \int_2^{+\infty} \mathrm{e}^{-y}\,\mathrm{d}y = \mathrm{e}^{-1} + \mathrm{e}^{-2}.$$

15. 设 X 和 Y 是两个相互独立且均服从正态分布 $N\left(0, \dfrac{1}{2}\right)$ 的随机变量，求 $E(|X - Y|)$.

解 记 $\xi = X - Y$，由 $X \sim N\left(0, \dfrac{1}{2}\right)$，$Y \sim N\left(0, \dfrac{1}{2}\right)$，知

$$E(\xi) = E(X) - E(Y) = 0,$$

$$D(\xi) = D(X) + D(Y) = \frac{1}{2} + \frac{1}{2} = 1,$$

即
$$\xi \sim N(0, 1),$$

所以 $E(|X - Y|) = E(|\xi|) = \displaystyle\int_{-\infty}^{+\infty} |x| \frac{1}{\sqrt{2\pi}} e^{-\frac{x^2}{2}} \, dx = \frac{2}{\sqrt{2\pi}} \int_{0}^{+\infty} x e^{-\frac{x^2}{2}} \, dx = \frac{2}{\sqrt{2\pi}}.$

16. 已知 $X \sim N(1, 9)$，$Y \sim N(0, 16)$，且 X 和 Y 的相关系数为 $\rho_{XY} = -\dfrac{1}{2}$. 设 $Z = \dfrac{X}{3} + \dfrac{Y}{2}$.

(1) 求 $E(Z)$ 和 $D(Z)$；(2) 求 X 和 Z 的相关系数.

解 (1) 由题意知 $E(X) = 1$，$D(X) = 9$，$E(Y) = 0$，$D(Y) = 16$，从而

$$\mathrm{Cov}(X, Y) = \rho_{XY} \cdot \sqrt{D(X)} \cdot \sqrt{D(Y)} = \left(-\frac{1}{2}\right) \cdot 3 \cdot 4 = -6,$$

所以
$$E(Z) = E\left(\frac{X}{3} + \frac{Y}{2}\right) = \frac{1}{3} E(X) + \frac{1}{2} E(Y) = \frac{1}{3},$$

$$D(Z) = D\left(\frac{X}{3} + \frac{Y}{2}\right) = D\left(\frac{X}{3}\right) + D\left(\frac{Y}{2}\right) + 2\mathrm{Cov}\left(\frac{X}{3}, \frac{Y}{2}\right)$$

$$= \frac{1}{9} D(X) + \frac{1}{4} D(Y) + \frac{1}{3} \mathrm{Cov}(X, Y)$$

$$= \frac{1}{9} \cdot 9 + \frac{1}{4} \cdot 16 + \frac{1}{3} \cdot (-6) = 3.$$

(2) $\mathrm{Cov}(X, Z) = \mathrm{Cov}\left(X, \dfrac{X}{3} + \dfrac{Y}{2}\right)$

$$= \frac{1}{3} \mathrm{Cov}(X, X) + \frac{1}{2} \mathrm{Cov}(X, Y)$$

$$= \frac{1}{3} \cdot 9 + \frac{1}{2} \cdot (-6) = 0,$$

因此 X 和 Z 的相关系数为 0.

17. 设 A，B 为随机事件，且

$$P(A) = \frac{1}{4}, \quad P(B|A) = \frac{1}{3}, \quad P(A|B) = \frac{1}{2},$$

令
$$X = \begin{cases} 1, & A \text{ 发生}, \\ 0, & A \text{ 不发生}, \end{cases} \quad Y = \begin{cases} 1, & B \text{ 发生}, \\ 0, & B \text{ 不发生}, \end{cases}$$

求：(1) 二维随机变量 (X, Y) 的分布律；(2) X 和 Y 的相关系数.

解 因为 $\dfrac{1}{3} = P(B|A) = \dfrac{P(AB)}{P(A)}$，所以

$$P(AB) = \frac{1}{3} P(A) = \frac{1}{3} \cdot \frac{1}{4} = \frac{1}{12}.$$

又因为 $P(A|B) = \dfrac{P(AB)}{P(B)} = \dfrac{1}{2}$，所以

$$P(B) = 2P(AB) = \frac{1}{6}.$$

(1) $P\{X=1,\ Y=1\} = P(AB) = \dfrac{1}{12}$,

$$P\{X=0,\ Y=1\} = P(\overline{A}B) = P(B) - P(AB) = \frac{1}{6} - \frac{1}{12} = \frac{1}{12},$$

$$P\{X=1,\ Y=0\} = P(A\overline{B}) = P(A) - P(AB) = \frac{1}{4} - \frac{1}{12} = \frac{1}{6},$$

$$P\{X=0,\ Y=0\} = P(\overline{A}\overline{B}) = 1 - P(A\cup B)$$

$$= 1 - P(A) - P(B) + P(AB) = \frac{2}{3},$$

故 (X,Y) 的分布律为

X \ Y	0	1
0	$\dfrac{2}{3}$	$\dfrac{1}{12}$
1	$\dfrac{1}{6}$	$\dfrac{1}{12}$

(2) 由(1)易得关于 X,Y 的边缘分布律分别为

X	0	1	Y	0	1
P	3/4	1/4	P	5/6	1/6

故

$$E(X) = \frac{1}{4},\quad E(X^2) = \frac{1}{4},$$

$$D(X) = E(X^2) - [E(X)]^2 = \frac{1}{4} - \left(\frac{1}{4}\right)^2 = \frac{3}{16},$$

$$E(Y) = \frac{1}{6},\quad E(Y^2) = \frac{1}{6},$$

$$D(Y) = E(Y^2) - [E(Y)]^2 = \frac{1}{6} - \left(\frac{1}{6}\right)^2 = \frac{5}{36}.$$

而由 (X,Y) 的分布律，可知

$$E(XY) = 1 \cdot 1 \cdot \frac{1}{12} = \frac{1}{12},$$

故得
$$\rho_{XY}=\frac{E(XY)-E(X)E(Y)}{\sqrt{D(X)}\sqrt{D(Y)}}=\frac{\frac{1}{12}-\frac{1}{4}\cdot\frac{1}{6}}{\sqrt{\frac{3}{16}}\sqrt{\frac{5}{36}}}=\frac{1}{\sqrt{15}}.$$

六、自测题

1. 填空题(每题 2 分,共 14 分)

(1) 设随机变量 $X\sim E(2)$,则 $E(X^2)=$＿＿＿＿＿.

(2) 若随机变量 X 的分布律为

X	0	$\frac{\pi}{2}$	π
P	0.2	0.5	0.3

则 $D(\sin X)=$＿＿＿＿＿.

(3) 设 $X\sim N(0,4)$,则 $E[X(X-2)]=$＿＿＿＿＿.

(4) 设随机变量 X 的密度函数为 $\varphi(x)=\frac{1}{2\sqrt{\pi}}e^{-\frac{x^2}{4}}$ $(-\infty<x<+\infty)$,则 $D(X)=$＿＿＿＿＿.

(5) 设 X 为服从正态分布 $N(-1,2)$ 的随机变量,则 $E(2X-1)=$ ＿＿＿＿＿.

(6) 已知 X 与 Y 相互独立同分布,且

X	0	1
P	0.1	0.9

则 $E(XY)=$＿＿＿＿＿.

(7) 若随机变量 Y 是 X 的线性函数,且随机变量 X 存在数学期望与方差,则 X 与 Y 的相关系数 $\rho_{XY}=$＿＿＿＿＿.

2. 单项选择题(每题 3 分,共 12 分)

(1) 设 X 服从二项分布 $B(n,p)$,则( ).

    (A) $E(2X-1)=2np$;   (B) $D(2X-1)=4np(1-p)+1$;

    (C) $E(2X+1)=4np+1$;   (D) $D(2X-1)=4np(1-p)$.

(2) 对随机变量 X 来说,如果 $EX\neq DX$,则可断定 X 不服从( ).

    (A) 二项分布;   (B) 指数分布;

    (C) 正态分布;   (D) 泊松分布.

(3) 设随机变量 X,Y 的期望与方差都存在,则下列各式中成立的

是( ).

    (A) $E(X+Y)=EX+EY$;   (B) $E(XY)=EX \cdot EY$;

    (C) $D(X+Y)=DX+DY$;   (D) $D(XY)=DX \cdot DY$.

(4) 设 (X,Y) 是二维随机变量,则随机变量 $U=X+Y$ 与 $V=X-Y$ 不相关的充要条件是( ).

    (A) $EX=EY$;

    (B) $E(X^2)-(EX)^2=EY^2-(EY)^2$;

    (C) $E(X^2)+(EX)^2=E(Y^2)+(EY)^2$;

    (D) $E(X^2)=E(Y^2)$.

3. 计算与应用题(每题 13 分,共 65 分)

(1) 若随机变量 X 服从泊松分布,即 $X \sim P(\lambda)$,且知 $E(X^2)=2$,求 $P\{X \geqslant 4\}$.

(2) 设随机变量 X 的密度函数为 $f(x)=\dfrac{1}{2}e^{-|x|}$ $(-\infty<x<+\infty)$,求 EX 和 DX.

(3) 一辆汽车沿某街道行驶,需要通过三个均设有红绿信号灯的路口,每个信号灯为红或绿与其他信号灯为红或绿均相互独立,假设红绿两种信号灯显示的时间相等. 以 X 表示该汽车未遇红灯而连续通过的路口数. 求:① X 的分布律;② $E\left(\dfrac{1}{1+X}\right)$.

(4) 设 $X \sim U[2,4]$,$Y \sim E(2)$,且 X 与 Y 相互独立,求:

① (X,Y) 的联合密度函数;② $E(2X+4Y)$;③ $D(X-2Y)$.

(5) 设 (X,Y) 的联合密度函数为

$$f(x,y)=\begin{cases} \dfrac{1}{8}(x+y), & 0 \leqslant x \leqslant 2,\ 0 \leqslant y \leqslant 2, \\ 0, & \text{其他,} \end{cases}$$

求 $\mathrm{Cov}(X,Y)$ 及 ρ_{XY}.

4. 证明题(9 分)

设随机变量 X 的数学期望存在,证明:随机变量 X 与任一常数 b 的协方差是零.

七、自测题参考答案

1. 填空题

(1) 0.5; (2) 0.25; (3) 4; (4) 2; (5) -3; (6) 0.81; (7) ± 1.

2. 单项选择题

(1) D；   (2) D；   (3) A；   (4) B.

3. 计算与应用题

(1) **解** X 服从泊松分布 $P(\lambda)$，则

$$P\{X=k\}=\frac{\lambda^k}{k!}\mathrm{e}^{-\lambda}(k=0,\ 1,\ 2,\ \cdots),$$

而 $EX=DX=\lambda$，由题设知 $E(X^2)=2$，即

$$DX+(EX)^2=\lambda+\lambda^2=2,$$

可得 $\lambda=1$，故

$$P\{X\geqslant 4\}=\sum_{k=4}^{\infty}\frac{1}{k!}\mathrm{e}^{-1},$$

查泊松分布表得

$$P\{X\geqslant 4\}\approx 0.019.$$

(2) **解**   由数学期望的定义知

$$EX=\int_{-\infty}^{+\infty}xf(x)\mathrm{d}x=\frac{1}{2}\int_{-\infty}^{+\infty}x\mathrm{e}^{-|x|}\mathrm{d}x=0,$$

而 $E(X^2)=\int_{-\infty}^{+\infty}x^2f(x)\mathrm{d}x=\frac{1}{2}\int_{-\infty}^{+\infty}x^2\mathrm{e}^{-|x|}\mathrm{d}x=\int_{0}^{+\infty}x^2\mathrm{e}^{-x}\mathrm{d}x=2,$

故 $\qquad\qquad\qquad\qquad DX=E(X^2)-(EX)^2=2.$

(3) **解**   ① X 的可能取值为 0，1，2，3，且由题意，可得

$$P\{X=0\}=\frac{1}{2},\qquad\qquad P\{X=1\}=\frac{1}{2}\times\frac{1}{2}=\frac{1}{4},$$

$$P\{X=2\}=\frac{1}{2}\times\frac{1}{2}\times\frac{1}{2}=\frac{1}{8},\quad P\{X=3\}=\frac{1}{2}\times\frac{1}{2}\times\frac{1}{2}=\frac{1}{8},$$

即 X 的分布列为

X	0	1	2	3
P	$\frac{1}{2}$	$\frac{1}{4}$	$\frac{1}{8}$	$\frac{1}{8}$

② 由离散型随机变量函数的数学期望，有

$$E\left(\frac{1}{1+X}\right)=\frac{1}{1+0}\cdot P\{X=0\}+\frac{1}{1+1}\cdot P\{X=1\}+$$

$$\frac{1}{1+2}\cdot P\{X=2\}+\frac{1}{1+3}\cdot P\{X=3\}$$

$$=\frac{1}{2}+\frac{1}{2}\cdot\frac{1}{4}+\frac{1}{3}\cdot\frac{1}{8}+\frac{1}{4}\cdot\frac{1}{8}=\frac{67}{96}.$$

(4) **解**   ① X 与 Y 相互独立，故 (X,Y) 的联合密度函数为

$$f(x, y) = f_X(x) \cdot f_Y(y) = \begin{cases} \mathrm{e}^{-2y}, & 2 \leqslant x \leqslant 4, \ y > 0, \\ 0, & \text{其他}. \end{cases}$$

② $E(2X+4Y) = 2EX + 4EY = 2 \cdot \dfrac{2+4}{2} + 4 \cdot \dfrac{1}{2} = 8.$

③ $D(X-2Y) = DX + 4DY = \dfrac{4}{12} + \dfrac{4}{4} = \dfrac{4}{3}.$

(5) **解**　$EX = \displaystyle\int_{-\infty}^{+\infty}\int_{-\infty}^{+\infty} xf(x, y)\mathrm{d}x\mathrm{d}y = \int_0^2\int_0^2 \frac{1}{8}x(x+y)\mathrm{d}x\mathrm{d}y$

$$= \frac{1}{8}\int_0^2\mathrm{d}y\int_0^2 (x^2+xy)\mathrm{d}x = \frac{1}{8}\int_0^2 \left(\frac{1}{3}x^3 + \frac{1}{2}x^2 y\right)\Big|_0^2 \mathrm{d}y$$

$$= \frac{1}{8}\int_0^2 \left(\frac{8}{3} + 2y\right)\mathrm{d}y = \frac{1}{8}\left(\frac{8}{3}y + y^2\right)\Big|_0^2$$

$$= \frac{7}{6};$$

$$E(X^2) = \int_{-\infty}^{+\infty}\int_{-\infty}^{+\infty} x^2 f(x, y)\mathrm{d}x\mathrm{d}y$$

$$= \frac{1}{8}\int_0^2\mathrm{d}y\int_0^2 x^2(x+y)\mathrm{d}x = \frac{1}{8}\int_0^2\mathrm{d}y\int_0^2 (x^3 + x^2 y)\mathrm{d}x$$

$$= \frac{1}{8}\int_0^2 \left(\frac{1}{4}x^4 + \frac{1}{3}x^3 y\right)\Big|_0^2 \mathrm{d}y = \frac{1}{8}\int_0^2 \left(4 + \frac{8}{3}y\right)\mathrm{d}y$$

$$= \frac{1}{8}\left(4y + \frac{4}{3}y^2\right)\Big|_0^2$$

$$= \frac{5}{3},$$

于是　　　　　　$DX = E(X^2) - (EX)^2 = \dfrac{5}{3} - \left(\dfrac{7}{6}\right)^2 = \dfrac{11}{36}.$

由对称性可得

$$EY = \frac{7}{6}, \ E(Y^2) = \frac{5}{3}, \ DY = \frac{11}{36}.$$

$$E(XY) = \int_{-\infty}^{+\infty}\int_{-\infty}^{+\infty} xyf(x, y)\mathrm{d}x\mathrm{d}y$$

$$= \frac{1}{8}\int_0^2\int_0^2 xy(x+y)\mathrm{d}x\mathrm{d}y = \frac{1}{8}\int_0^2\mathrm{d}y\int_0^2 (x^2 y + xy^2)\mathrm{d}x$$

$$= \frac{1}{8}\int_0^2 \left(\frac{1}{3}x^3 y + \frac{1}{2}x^2 y^2\right)\Big|_0^2 \mathrm{d}y = \frac{1}{8}\int_0^2 \left(\frac{8}{3}y + 2y^2\right)\mathrm{d}y$$

$$= \frac{1}{8}\left(\frac{4}{3}y^2 + \frac{2}{3}y^3\right)\Big|_0^2$$

$$= \frac{4}{3},$$

故 $\quad \mathrm{Cov}(X, Y)=E(XY)-EX \cdot EY=\dfrac{4}{3}-\dfrac{7}{6}\times\dfrac{7}{6}=-\dfrac{1}{36},$

$$\rho_{XY}=\dfrac{\mathrm{Cov}(X, Y)}{\sqrt{DX}\cdot\sqrt{DY}}=\dfrac{-\dfrac{1}{36}}{\dfrac{11}{36}}=-\dfrac{1}{11}.$$

4. 证明题

证 由协方差的定义及数学期望的性质, 得

$\mathrm{Cov}(X, b)=E(X-EX)\cdot(b-Eb)=E(X-EX)\cdot(b-b)=0.$

第 5 章　极限定理

极限定理是概率论的基本定理，本章主要介绍几个常用的大数定律和中心极限定理．在相同条件下，大量重复进行的随机试验，其结果将呈现出某种统计规律性，大数定律以严格的数学形式描述了这些统计规律性．中心极限定理则揭示了满足一定条件的相互独立的随机变量序列的和收敛于正态分布的规律，它使得复杂的多个随机变量的和的分布在一定的条件下可由简单的正态分布来逼近，也使得正态分布在实际应用中地位不凡．

一、基本要求

1. 了解切比雪夫(Chebyshev)不等式．
2. 理解切比雪夫大数定律、伯努利(Bernoulli)大数定律和辛钦(Khinchine)大数定律．
3. 掌握德莫弗—拉普拉斯(De Moivre‑Laplace)中心极限定理和林德伯格—列维(Lindeberg‑Levy)中心极限定理，了解李亚普诺夫(Lyapunov)中心极限定理．
4. 可简单应用大数定律、中心极限定理解决实际问题．

二、知识要点

1. 基本概念

依概率收敛的定义　设 X_1，X_2，$\cdots$，X_n，$\cdots$是随机变量序列，μ 是一个常数，若对于任意给定的正数 ε，有
$$\lim_{n \to +\infty} P\{|X_n - \mu| < \varepsilon\} = 1,$$
或等价地有
$$\lim_{n \to +\infty} P\{|X_n - \mu| \geqslant \varepsilon\} = 0,$$
则称随机变量序列$\{X_n\}$依概率收敛于 μ，简记为 $X_n \xrightarrow{P} \mu$．

2. 一个重要不等式

切比雪夫不等式　设随机变量 X 具有数学期望 $E(X)$ 和方差 $D(X)$，则对

于任意正数 ε，不等式 $P\{|X-E(X)|\geqslant\varepsilon\}\leqslant\dfrac{D(X)}{\varepsilon^2}$ 成立.

3. 三个大数定律

定义　如果随机变量序列 X_1，X_2，$\cdots$，X_n，$\cdots$ 的算术平均值依概率收敛于其期望的平均值，即对任意给定的正数只有

$$\lim_{n\to+\infty} P\left\{\left|\frac{1}{n}\sum_{i=1}^{n}X_i-\frac{1}{n}\sum_{i=1}^{n}EX_i\right|<\varepsilon\right\}=1,$$

则称随机变量序列 X_1，X_2，$\cdots$，X_n，$\cdots$ 服从大数定律.

切比雪夫大数定律　设随机变量序列 X_1，X_2，$\cdots$ 相互独立，若存在常数 $c>0$，使得 $DX_i\leqslant c$，$i=1$，2，$\cdots$，则对于任意给定的正数 ε，有

$$\lim_{n\to+\infty} P\left\{\left|\frac{1}{n}\sum_{i=1}^{n}X_i-\frac{1}{n}\sum_{i=1}^{n}EX_i\right|<\varepsilon\right\}=1.$$

伯努利大数定律　设 μ_n 是 n 重伯努利试验中事件 A 发生的次数，p 是事件 A 在每次试验中发生的概率，则对于任意给定的正数 ε，有

$$\lim_{n\to+\infty} P\left\{\left|\frac{\mu_n}{n}-p\right|<\varepsilon\right\}=1,\ 即\ \frac{\mu_n}{n}\xrightarrow{P}p.$$

辛钦大数定律　若随机变量 X_1，X_2，$\cdots$ 相互独立且服从相同的分布，X_i 的数学期望 $EX_i=\mu$ 存在，$i=1$，2，$\cdots$，则对于任意给定的正数 ε，有

$$\lim_{n\to+\infty} P\left\{\left|\frac{1}{n}\sum_{i=1}^{n}X_i-\mu\right|<\varepsilon\right\}=1,\ 即\ \frac{1}{n}\sum_{i=1}^{n}X_i\xrightarrow{P}\mu.$$

注：伯努利大数定律揭示了在独立重复试验中，事件 A 出现的频率，随着试验次数的增加，将稳定于概率的属性；切比雪夫大数定律、辛钦大数定律则揭示了观测数据的平均值将随着样本容量的增加稳定于数学期望的属性.

4. 三个中心极限定理

德莫弗—拉普拉斯定理　设 $X\sim B(n$，$p)$，则对于任意 x 有

$$\lim_{n\to+\infty} P\left\{\frac{X-np}{\sqrt{np(1-p)}}\leqslant x\right\}=\int_{-\infty}^{x}\frac{1}{\sqrt{2\pi}}\mathrm{e}^{-\frac{t^2}{2}}\mathrm{d}t=\Phi(x).$$

注：本定理是历史上最早的中心极限定理，1716 年，德莫弗讨论了 $p=\dfrac{1}{2}$ 的情形，拉普拉斯则将它推广到了一般 p 的情形. 定理表明二项分布 $B(n$，$p)$ 逼近于正态分布 $N(np$，$np(1-p))$. 本定理揭示了离散型随机变量与连续型随机变量之间可存在一定的联系.

林德伯格—列维定理　设随机变量 X_1，X_2，$\cdots$ 相互独立，且具有相同的分布，记

$$EX_i=\mu,\ DX_i=\sigma^2\neq0,\ i=1,\ 2,\ \cdots,$$

则对任意实数 x 有

$$\lim_{n \to +\infty} P\left\{\frac{\sum\limits_{i=1}^{n} X_i - n\mu}{\sqrt{n}\sigma} \leqslant x\right\} = \int_{-\infty}^{x} \frac{1}{\sqrt{2\pi}} e^{-\frac{t^2}{2}} dt = \Phi(x),$$

其中 $\Phi(x)$ 是标准正态分布的分布函数.

注：此定理常被称为独立同分布的中心极限定理. 依据定理，若 X_1，X_2，$\cdots$，X_n 是 n 个相互独立的服从同一分布的随机变量，则它们的和 $\sum\limits_{i=1}^{n} X_i$ 近似服从正态分布 $N(n\mu, n\sigma^2)$，而且 n 越大，近似程度越高.

李亚普诺夫中心极限定理　设随机变量 X_1，X_2，$\cdots$ 相互独立，其数学期望、方差分别为

$$EX_i = \mu_i, \quad DX_i = \sigma_i^2 \neq 0, \quad i = 1, 2, \cdots,$$

记 $B_n = \sqrt{\sum\limits_{i=1}^{n} \sigma_i^2}$. 若存在 $\delta > 0$，使得当 $n \to +\infty$ 时，

$$\frac{1}{B_n^{2+\delta}} \sum_{i=1}^{n} E|X_i - \mu_i|^{2+\delta} \to 0,$$

则对任意的 x 有

$$\lim_{n \to +\infty} P\left\{\frac{1}{B_n} \sum_{i=1}^{n} (X_i - \mu_i) \leqslant x\right\} = \int_{-\infty}^{x} \frac{1}{\sqrt{2\pi}} e^{-\frac{t^2}{2}} dt = \Phi(x).$$

注：本定理也常称为独立不同分布的中心极限定理. 定理中的条件 $\frac{1}{B_n^{2+\delta}} \sum\limits_{i=1}^{n} E|X_i - \mu_i|^{2+\delta} \to 0 (n \to +\infty)$，表明每个 X_i 对总和 $\sum\limits_{i=1}^{n} X_i$ 的影响都很小. 可见，虽然相互独立的随机变量 X_1，X_2，$\cdots$，X_n 各自分布不同，但只要满足定理的条件，则随机变量 $\frac{1}{B_n} \sum\limits_{i=1}^{n} (X_i - \mu_i)$ 近似服从标准正态分布 $N(0, 1)$，它们的和 $\sum\limits_{i=1}^{n} X_i$ 也近似服从正态分布 $N(\sum\limits_{i=1}^{n} \mu_i, \sum\limits_{i=1}^{n} \sigma_i^2)$，从而使得正态分布可更为广泛地加以应用. 在实际应用中，当一个随机变量可以看成由许多相互独立的、影响相对小的随机变量相加而成时，一般可认为该随机变量近似服从正态分布.

三、典型例题

例 5.1　设随机变量 X 的数学期望为 μ，标准差为 σ，试利用切比雪夫不

等式估计概率 $P\{|X-\mu|<3\sigma\}$，并简述实际指导意义.

解 由切比雪夫不等式可知，对任意 $\varepsilon>0$，有

$$P\{|X-\mu|\geqslant\varepsilon\}\leqslant\frac{\sigma^2}{\varepsilon^2},$$

即

$$P\{|X-\mu|<\varepsilon\}\geqslant1-\frac{\sigma^2}{\varepsilon^2},$$

所以

$$P\{|X-\mu|<3\sigma\}\geqslant1-\frac{\sigma^2}{9\sigma^2}=\frac{8}{9}.$$

由此可见，无论随机变量 X 的分布如何，只要存在期望与方差，其取值有接近 89% 或以上的机会落在区间 $(\mu-3\sigma,\ \mu+3\sigma)$ 内，这一原理在质量管理中常被称为 3σ 原理，即在一次试验中，如果某质量指标(随机变量)的观测值落在区间 $(\mu-3\sigma,\ \mu+3\sigma)$ 之外，则可认为生产处于非管理状态.

题注：切比雪夫不等式说明：在不知道随机变量 X 的分布的情况下，只要知道它的数学期望与方差，就可以估计概率 $P\{|X-\mu|<\varepsilon\}$，体现了切比雪夫不等式的重要性.

例 5.2 掷一枚匀质硬币，试分别用切比雪夫不等式和中心极限定理确定，需投多少次才能保证正面朝上的频率在 $0.45\sim0.55$ 之间的概率不少于 90%？

解 设需要投 n 次，X_i 表示投第 i 次时正面朝上的次数，则 X_i 服从参数为 0.5 的 0—1 分布，$E(X_i)=0.5$，$D(X_i)=0.25$，$\overline{X}=\dfrac{X_1+X_2+\cdots+X_n}{n}$ 表示投掷 n 次中正面朝上的频率，且

$$E(\overline{X})=0.5,\ D(\overline{X})=\frac{0.25}{n},$$

欲使 $P\{0.45<\overline{X}<0.55\}\geqslant0.9$，即 $P\{|\overline{X}-0.5|<0.05\}\geqslant0.9$.

(1) 由切比雪夫不等式

$$P\{|\overline{X}-0.5|<0.05\}\geqslant1-\frac{1}{0.05^2}\times\frac{0.25}{n},$$

故应有 $1-\dfrac{1}{0.05^2}\times\dfrac{0.25}{n}\geqslant0.9$，解得 $n\geqslant1000$，故需投 1 000 次，才能保证正面朝上的频率在 $0.45\sim0.55$ 之间的概率不少于 90%.

(2) 由独立同分布中心极限定理

$$P\{0.45<\overline{X}<0.55\}=P\left\{\frac{0.45-0.5}{\sqrt{0.25/n}}<\frac{\overline{X}-0.5}{\sqrt{0.25/n}}<\frac{0.55-0.5}{\sqrt{0.25/n}}\right\}$$

$$\approx\Phi\left(\frac{0.55-0.5}{\sqrt{0.25/n}}\right)-\Phi\left(\frac{0.45-0.5}{\sqrt{0.25/n}}\right)$$

$$=2\Phi\left(\frac{\sqrt{n}}{10}\right)-1\geqslant0.9,$$

即

$$\Phi\left(\frac{\sqrt{n}}{10}\right)\geqslant0.95.$$

经查标准正态分布表，应有 $\frac{\sqrt{n}}{10}\geqslant1.65$，解得 $n\geqslant272.25$，即需投 273 次，才能保证正面朝上的频率在 0.45～0.55 的概率不少于 90%.

题注：由本例可见，用中心极限定理估计概率，比用切比雪夫不等式估计概率更为精确．但应用中心极限定理估计概率时应满足更严格的条件，而应用切比雪夫不等式估计概率时，只需知道数学期望与方差，条件较弱．

例 5.3 从次品率为 5% 的一批产品中随机地抽取 200 件产品，分别用二项分布、泊松分布、正态分布计算取出的产品中至少有 3 件次品的概率．

解 设 X 表示取出的 200 件产品中的次品数，则依题意知 $X\sim B(200, 0.05)$.

(1) 用二项分布计算：

$$P\{X\geqslant3\}=1-P\{X<3\}=1-P\{X=0\}-P\{X=1\}-P\{X=2\}$$
$$=1-C_{200}^0(0.95)^{200}-C_{200}^1(0.05)\times(0.95)^{199}-$$
$$C_{200}^2(0.05)^2\times(0.95)^{198}$$
$$\approx0.9977.$$

(2) 用泊松分布作近似计算：

由题意知 $n=200$，$p=0.05$，所以 $\lambda=np=10$，则

$$P\{X\geqslant3\}=1-P\{X<3\}=1-P\{X=0\}-P\{X=1\}-P\{X=2\}$$
$$\approx1-e^{-10}-10e^{-10}-\frac{10^2}{2}e^{-10}$$
$$=1-61e^{-10}\approx0.9972.$$

(3) 用正态分布作近似计算：

由德莫弗—拉普拉斯中心极限定理

$$P\{X\geqslant3\}=1-P\{0\leqslant X<3\}$$
$$\approx1-\Phi\left(\frac{3-10}{\sqrt{10\times0.95}}\right)+\Phi\left(\frac{0-10}{\sqrt{10\times0.95}}\right)$$
$$=1-\Phi(-2.27)+\Phi(-3.24)$$
$$=1+\Phi(2.27)-\Phi(3.24)$$
$$\approx0.9891.$$

题注：本例中，随机变量 $X\sim B(200, 0.05)$，其中 $n=200$ 不太大，$p=$

0.05 较小，$np=10$ 适中，显然应用泊松分布作近似计算比用正态分布近似计算的结果更精确.

例 5.4 某车间有 100 台车床，各自独立工作，假设各台车床的开工率均为 0.8，开工时耗电功率各为 0.5kW，问供电部门至少要供给该车间多少千瓦的电力，才能以 99% 的概率保证该车间不会因为供电不足而影响生产？

解 设任意时刻该车间 100 台车床中处于工作状态的车床数为 X，则依题意可知 $X \sim B(100，0.8)$.

又假设供电部门的供电量为 x 千瓦，则依题意应有

$$P\{0 \leqslant 0.5X \leqslant x\} \geqslant 0.99，\text{即 } P\{0 \leqslant X \leqslant 2x\} \geqslant 0.99，$$

根据德莫弗—拉普拉斯中心极限定理

$$P\{0 \leqslant X \leqslant 2x\} = P\left\{\frac{0-100 \times 0.8}{\sqrt{100 \times 0.8 \times 0.2}} \leqslant \frac{X-100 \times 0.8}{\sqrt{100 \times 0.8 \times 0.2}} \leqslant \frac{2x-100 \times 0.8}{\sqrt{100 \times 0.8 \times 0.2}}\right\}$$

$$\approx \Phi\left(\frac{2x-80}{4}\right) - \Phi(-20) = \Phi\left(\frac{2x-80}{4}\right)，$$

故应有

$$\Phi\left(\frac{2x-80}{4}\right) \geqslant 0.99，$$

经查标准正态分布表，应有

$$\frac{2x-80}{4} \geqslant 2.327，$$

解得 $x \geqslant 44.654$，故供电部门至少要供给该车间 45kW 的电力，才能以 99% 的概率保证该车间不会因为供电不足而影响生产.

例 5.5 一生产线生产的产品成箱包装，每箱的重量是随机的. 假设每箱平均重 50kg，标准差为 5kg，若用最大载重量为 5 000kg 的汽车承运，试应用中心极限定理说明每车最多可以装多少箱，才能保证不超载的概率大于 0.997.

解 设每车装 n 箱可保证不超载的概率大于 0.997. 设 X_i 表示第 i 箱产品的重量，则依题意可知 X_1，X_2，$\cdots$，X_n 是相互独立同分布的随机变量，且 $E(X_i)=50$，$\sigma(X_i)=5$，应满足

$$P\left\{\sum_{i=1}^{n} X_i \leqslant 5000\right\} > 0.997.$$

根据独立同分布中心极限定理

$$P\left\{\sum_{i=1}^{n} X_i \leqslant 5000\right\} = P\left\{\frac{\sum\limits_{i=1}^{n} X_i - 50n}{5\sqrt{n}} \leqslant \frac{5000-50n}{5\sqrt{n}}\right\}$$

$$\approx \Phi\left(\frac{5000-50n}{5\sqrt{n}}\right) > 0.997，$$

经查标准正态分布表，应有

$$\frac{5000-50n}{5\sqrt{n}}>2.75,$$

解得 $n<97.29$，即每车最多可以装 97 箱，才能保证不超载的概率大于 0.997.

例 5.6　一个系统由 100 个相互独立的元件组成，在系统运行期间，每个元件损坏的概率为 0.1. 若已知系统正常运行的必需元件数为 85 个，求系统的可靠度（即系统正常工作的概率）；又若上述系统由 n 个相互独立的元件组成，而且要求至少有 80% 的元件工作才能使整个系统正常运行，问 n 至少为多大时才能保证系统的可靠度为 95%？

解　（1）设 100 个元件中没有损坏的个数为 X，则依题意有 $X \sim B(100, 0.9)$，于是系统能正常运行的概率为 $P\{X \geqslant 85\}$，根据德莫弗—拉普拉斯中心极限定理

$$P\{X \geqslant 85\} = 1 - P\{X < 85\} = 1 - P\left\{ \frac{X-100\times0.9}{\sqrt{100\times0.9\times0.1}} < \frac{85-100\times0.9}{\sqrt{100\times0.9\times0.1}} \right\}$$

$$\approx 1 - \Phi\left(\frac{85-100\times0.9}{\sqrt{100\times0.9\times0.1}} \right) = 1 - \Phi\left(\frac{-5}{3} \right) = \Phi\left(\frac{5}{3} \right) \approx 0.9525.$$

（2）若系统由 n 个元件组成，则 n 个元件中没有损坏的元件个数 $X \sim B(n, 0.9)$，于是系统能正常运行的概率为 $P\{X \geqslant 0.8n\}$，而根据德莫弗—拉普拉斯中心极限定理

$$P\{X \geqslant 0.8n\} = 1 - P\{X < 0.8n\} = 1 - P\left\{ \frac{X-0.9n}{\sqrt{0.9n\times0.1}} < \frac{0.8n-0.9n}{\sqrt{0.09n}} \right\}$$

$$\approx 1 - \Phi\left(-\frac{\sqrt{n}}{3} \right) = \Phi\left(\frac{\sqrt{n}}{3} \right),$$

依题意应有

$$\Phi\left(\frac{\sqrt{n}}{3} \right) \geqslant 0.95,$$

经查标准正态分布表，应有

$$\frac{\sqrt{n}}{3} \geqslant 1.65.$$

解得 $n \geqslant 24.5025$，所以，系统至少应有 25 个元件，才能保证系统的可靠度为 95%.

例 5.7　某灯泡厂生产的灯泡的平均寿命原为 2000h，标准差为 250h，经过技术革新，采用新工艺使灯泡的平均寿命提高到 2250h，标准差不变. 为了

确认革新成果，技术鉴定部门任意挑选若干只灯泡检查，如果这些灯泡的平均寿命超过 2200h，则批准采用新工艺. 如欲使检查通过的概率超过 99.7%，至少应检查多少只灯泡？

解 设至少应检查 n 只灯泡，才可使通过检查的概率超过 99.7%. 令 X_i 表示第 i 只新工艺灯泡的寿命，则 X_1，X_2，$\cdots$，X_n 相互独立、同分布，且

$$E(X_i) = 2250, \quad \sigma(X_i) = 250,$$

依题意应有

$$P\left\{\frac{1}{n}\sum_{i=1}^{n} X_i \geqslant 2200\right\} > 0.997,$$

由独立同分布中心极限定理

$$P\left\{\frac{1}{n}\sum_{i=1}^{n} X_i \geqslant 2200\right\} = 1 - P\left\{\frac{1}{n}\sum_{i=1}^{n} X_i < 2200\right\}$$

$$= 1 - P\left\{\frac{\frac{1}{n}\sum_{i=1}^{n} X_i - 2250}{250/\sqrt{n}} < \frac{2200 - 2250}{250/\sqrt{n}}\right\}$$

$$\approx 1 - \Phi\left(\frac{2200 - 2250}{250/\sqrt{n}}\right) = 1 - \Phi\left(-\frac{\sqrt{n}}{5}\right)$$

$$= \Phi\left(\frac{\sqrt{n}}{5}\right) > 0.997,$$

故应有 $\frac{\sqrt{n}}{5} > 2.75$，解得 $n > 189.06$，所以，至少要检查 190 只灯泡，才可能使通过检查的概率超过 99.7%.

四、疑难解析

【问题 5.1】 如何理解"依概率收敛"？它与微积分中的"收敛"有何不同？

【答】 在微积分中，数列 $\{x_n\}$ 满足函数关系 $f(n) = x_n$，属于确定性变量. 若数列 $\{x_n\}$ 有极限 a，即 $\lim\limits_{n \to +\infty} x_n = a$，则意味着对任意给定的 $\varepsilon > 0$，都存在适当的正数 N，只要 $n > N$，就有 $|x_n - a| < \varepsilon$ 成立，不会有任何例外. 而在概率论中，由于随机变量 X_n 是不确定性变量，若随机变量序列 $\{X_n\}$ 依概率收敛于常数 a，即对任意给定的 $\varepsilon > 0$，都有 $\lim\limits_{n \to +\infty} P\{|X_n - a| < \varepsilon\} = 1$，意味着对任意给定的 $\varepsilon > 0$，当 n 充分大时，事件"$|X_n - a| < \varepsilon$"发生的概率可以充分接近于 1，但不能肯定事件"$|X_n - a| < \varepsilon$"一定发生，也就是说，无论 n 取多

大的数，都不能完全排除事件"$|X_n-a|\geqslant\varepsilon$"发生的可能性．可见，概率论中的依概率收敛的条件比微积分中所说的收敛条件要弱，依概率收敛具有一定的不确定性．

【**问题 5.2**】　第 2 章中，我们可以用泊松分布 $P(\lambda)$ 来近似计算二项分布 $B(n,p)$，本章中，我们又可以用正态分布 $N(np,np(1-p))$ 来近似计算二项分布，两者有何区别？如何正确使用两种近似计算？

【**答**】　当 n 很大时，计算二项概率 $C_n^k p^k(1-p)^{n-k}$ 较麻烦，此时可考虑用泊松分布 $P(\lambda)$ 或正态分布 $N(np,np(1-p))$ 来作近似计算．当 p 很小，n 较大，但 np 不太大时，应用泊松分布 $P(\lambda)$ 来近似计算二项分布 $B(n,p)$ 较为理想，计算既简单，又有较高的精确度，但当 np 较大时，就宜用正态分布 $N(np,np(1-p))$ 来进行近似计算了，可从上面的例 5.3 中看出．两者的共同点是试验次数 n 要相当大时，才可用近似计算．

【**问题 5.3**】　三个中心极限定理有何区别与联系？如何应用？

【**答**】　三个中心极限定理中，德莫弗—拉普拉斯定理是林德伯格—列维定理的特例，因为当 X_1，X_2，$\cdots$，X_n 都服从参数为 p 的 0—1 分布，且相互独立时，它们的和 $\sum\limits_{i=1}^{n}X_i$ 服从分布 $B(n,p)$，根据林德伯格—列维定理的结论，就可推得德莫弗—拉普拉斯定理的结论．同时，德莫弗—拉普拉斯定理也是李亚普诺夫中心极限定理的特例，因为此时有 $E(X_i)=p$，$D(X_i)=p(1-p)$，于是 $B_n=\sqrt{np(1-p)}$，特取 $\delta=2$，则有

$$\frac{1}{B_n^{2+\delta}}\sum_{i=1}^{n}E(|X_i-\mu_i|^{2+\delta})=\frac{n[p(1-p)^4+(1-p)p^4]}{n^2p^2(1-p)^2}$$

$$=\frac{(1-p)^3+p^3}{np(1-p)}\to 0(n\to+\infty),$$

从而满足李亚普诺夫中心极限定理，根据其结论，也可推得德莫弗—拉普拉斯定理的结论．在实际应用中，着重掌握独立同分布中心极限定理与德莫弗—拉普拉斯中心极限定理，当随机变量 X 服从二项分布，且 n 较大时，则可应用德莫弗—拉普拉斯中心极限定理；若 X_1，X_2，$\cdots$，X_n 是服从同一分布、相互独立的随机变量序列，则其和的分布及相关概率的计算问题，应用独立同分布中心极限定理解决．

五、习题选解

1. 某路灯管理所有 20000 只路灯，夜晚每盏路灯开的概率为 0.6，设路灯

开关是相互独立的，试用切比雪夫不等式估计夜晚同时开着的路灯数在 11000~13000 盏之间的概率.

解 记 X 为晚上开着的路灯数，则 $X \sim B(20000, 0.6)$，因此

$$E(X) = 20000 \times 0.6 = 12000,$$

$$D(X) = 20000 \times 0.6 \times (1-0.6) = 4800.$$

由切比雪夫不等式有

$$P\{11000 < X < 13000\} = P\{|X-12000| < 1000\} \geqslant 1 - \frac{4800}{1000^2} = 0.9952.$$

2. 在 n 重伯努利试验中，若已知每次试验中事件 A 出现的概率为 0.75，请利用切比雪夫不等式估计 n，使 A 出现的频率在 0.74~0.76 之间的概率不小于 0.90.

解 由题设可知：n 次伯努利试验中，事件 A 出现的次数 $X \sim B(n, 0.75)$，于是

$$E(X) = np = 0.75n, \quad D(X) = npq = 0.1875n,$$

由切比雪夫不等式，应有

$$P\left\{0.74 < \frac{X}{n} < 0.76\right\} = P\{|X-0.75n| < 0.01n\} \geqslant 1 - \frac{0.1875n}{(0.01n)^2} \geqslant 0.9,$$

解得 $n \geqslant 18750$.

3. 某保险公司有 3000 个同一年龄段的人参加人寿保险，在一年中这些人的死亡率为 0.1%. 参加保险的人在一年的开始时交付保险费 100 元，死亡时家属可从保险公司领取 10000 元的赔偿金. 求：

(1) 保险公司一年获利不少于 240000 元的概率；

(2) 保险公司亏本的概率.

解 假设 X 表示一年内死亡的人数，则依题意

$$X \sim B(3000, 0.001),$$

则 $EX = 3$，$DX = 2.997$，根据德莫弗—拉普拉斯中心极限定理，$\dfrac{X-3}{\sqrt{2.997}}$ 近似服从标准正态分布 $N(0, 1)$，则有下列结论：

(1) 保险公司一年内获利不少于 240000 元的概率为

$$P\{3 \times 10^5 - 10^4 \times X > 2.4 \times 10^5\} = P\{X < 6\} \approx \Phi\left(\frac{3}{\sqrt{2.997}}\right) \approx 0.958.$$

(2) 保险公司亏本的概率为

$$P\{3 \times 10^5 - 10^4 \times X < 0\} = P\{X > 30\} \approx 1 - \Phi\left(\frac{27}{\sqrt{2.997}}\right) \approx 0.$$

4. 对敌人的防御地带进行 100 次轰炸，每次轰炸命中目标的炸弹数目是

一个均值为 2，方差为 1.69 的随机变量. 求在 100 次轰炸中有 180～220 颗炸弹命中目标的概率.

解　设 X_i 表示第 i 次轰炸命中目标的炸弹数，其中 $i=1$，2，…，100，则依题意可知 X_1，X_2，…，X_{100} 相互独立、服从同一分布，且

$$E(X_i)=2,\ D(X_i)=1.69,\ i=1,\ 2,\ \cdots,\ 100,$$

于是 $X=\sum\limits_{i=1}^{100}X_i$ 表示 100 次轰炸中，命中目标的炸弹总数，则 $E(X)=200$，$D(X)=169$，根据独立同分布中心极限定理，$\dfrac{X-200}{\sqrt{169}}$ 近似服从标准正态分布，所以

$$P\{180<X<220\}=P\left\{\frac{-20}{\sqrt{169}}<\frac{X-200}{\sqrt{169}}<\frac{20}{\sqrt{169}}\right\}\approx2\Phi\left(\frac{20}{13}\right)-1$$
$$=2\times0.9382-1=0.8764,$$

即在 100 次轰炸中有 180～220 颗炸弹命中目标的概率约为 0.8764.

5. 分别用切比雪夫不等式与德莫弗—拉普拉斯定理确定：当掷一枚硬币时，需要掷多少次才能保证出现正面的概率在 0.4～0.6 之间的概率不小于 0.9?

解　设 $X_i=\begin{cases}1,\ 第\ i\ 次出现正面,\\0,\ 第\ i\ 次出现反面,\end{cases}\ i=1,\ 2,\ \cdots,\ n,\ 则$

$$E(X_i)=0.5,\ D(X_i)=0.25,$$

且 $X=\sum\limits_{i=1}^{n}X_i$ 表示掷 n 次硬币中，正面向上的总次数，$E(\overline{X})=p=0.5$，$D(\overline{X})=\dfrac{0.25}{n}$，这里 $\overline{X}=\dfrac{1}{n}X$.

下面分别用切比雪夫不等式和德莫弗—拉普拉斯定理求解 n：

(1) 由切比雪夫不等式：

$$P\left\{0.4n<\sum_{i=1}^{n}X_i<0.6n\right\}=P\left\{0.4<\frac{1}{n}\sum_{i=1}^{n}X_i<0.6\right\}$$
$$=P\{|\overline{X}-0.5|<0.1\}$$
$$\geq1-\frac{D(\overline{X})}{0.1^2}\geq0.9,$$

可得 $\dfrac{0.25}{n}\leq0.001$，解得 $n\geq250$，即需要掷 250 次才能保证出现正面的概率在 0.4～0.6 之间的概率不小于 0.9.

(2) 由德莫弗—拉普拉斯定理：

$$P\left\{0.4n < \sum_{i=1}^{n} X_i < 0.6n\right\} = P\{|\overline{X} - 0.5| < 0.1\}$$

$$= P\left\{\left|\frac{\overline{X} - 0.5}{\sqrt{0.25/n}}\right| < \frac{0.1}{\sqrt{0.25/n}}\right\}$$

$$\approx 2\Phi\left(\frac{0.1}{\sqrt{0.25/n}}\right) - 1 \geqslant 0.9.$$

经查标准正态分布表，可得

$$\frac{0.1}{\sqrt{0.25/n}} \geqslant 1.645,$$

解得 $n \geqslant 67.65$，即需要掷 68 次才能保证出现正面的概率在 $0.4 \sim 0.6$ 之间的概率不小于 0.9.

6. 已知在某十字路口，一周内事故发生数的数学期望为 2.2，标准差为 1.4，

（1）以 $\overline{X}$ 表示一年内（52 周计）此十字路口事故发生数的算术平均，使用中心极限定理求 $\overline{X}$ 的近似分布，并求 $P\{\overline{X} < 2\}$；

（2）求一年内事故发生数小于 100 的概率.

解 （1）设第 i 周内发生的事故数为 X_i，则由题意可知 X_1，X_2，$\cdots$，X_{52} 相互独立，且服从同一分布，而且

$$E(X_i) = 2.2，\quad D(X_i) = 1.4^2，\quad i = 1, 2, \cdots, 52,$$

而 $\overline{X} = \dfrac{1}{52}\sum_{i=1}^{52} X_i$，所以

$$E(\overline{X}) = 2.2，\quad D(\overline{X}) = \frac{1.4^2}{52}.$$

根据独立同分布中心极限定理，$\overline{X}$ 近似服从正态分布 $N(2.2, 1.4^2/52)$，从而

$$P\{\overline{X} < 2\} = P\left\{\frac{\overline{X} - 2.2}{1.4/\sqrt{52}} < \frac{2 - 2.2}{1.4/\sqrt{52}}\right\}$$

$$\approx \Phi\left(-\frac{\sqrt{52}}{7}\right) = 1 - \Phi\left(\frac{\sqrt{52}}{7}\right)$$

$$\approx 1 - \Phi(1.03) \approx 0.1515.$$

（2）一年内事故发生数少于 100 的概率为

$$P\left\{\sum_{i=1}^{52} X_i \leqslant 100\right\} = P\left\{\frac{\dfrac{1}{52}\sum_{i=1}^{52} X_i - 2.2}{1.4/\sqrt{52}} \leqslant \frac{100/52 - 2.2}{1.4/\sqrt{52}}\right\}$$

$$\approx \Phi\left(\frac{100/52 - 2.2}{1.4/\sqrt{52}}\right) \approx 1 - \Phi(1.43) \approx 0.0764.$$

7. 为检验一种新药对某种疾病的治愈率为 80% 是否可靠，给 10 个患该疾病的病人同时服药，结果治愈人数不超过 5 人，试判断该药的治愈率为 80% 是否可靠.

解 设 X 表示 10 个服用该药的患者的治愈人数. 若新药对疾病的治愈率为 80% 是可靠的，则 $X \sim B(10, 0.8)$，根据德莫弗—拉普拉斯定理，X 近似服从正态分布 $N(8, 1.6)$，则有

$$P\left\{\sum_{i=1}^{10} X_i \leqslant 5\right\} = P\left\{\frac{\sum_{i=1}^{10} X_i - 8}{\sqrt{1.6}} \leqslant \frac{5-8}{\sqrt{1.6}}\right\} \approx \Phi\left(-\frac{3}{\sqrt{1.6}}\right)$$

$$\approx 1 - \Phi(2.37) \approx 0.0089,$$

所得概率较小，由此可推断假定治愈率为 80% 是不可靠的.

8. 一公寓有 200 个住户，一个住户拥有汽车辆数 X 的分布律为

X	0	1	2
p_k	0.1	0.6	0.3

问需要多少车位，才能使每辆汽车都有一个车位的概率至少为 0.95?

解 假设 X_i 表示第 i 户人家拥有的汽车数，则

$E(X_i) = 0 \times 0.1 + 1 \times 0.6 + 2 \times 0.3 = 1.2$，

$D(X_i) = E(X_i^2) - [E(X_i)]^2 = 0^2 \times 0.1 + 1^2 \times 0.6 + 2^2 \times 0.3 - 1.2^2 = 0.36$，

根据题意，X_1，X_2，…，X_{200} 相互独立，且服从同一分布. 则根据独立同分布中心极限定理，$\sum_{i=1}^{200} X_i$ 近似服从 $N(1.2 \times 200, 0.36 \times 200)$. 假设需要 n 个车位，才能使每辆汽车都有一个车位的概率至少为 0.95，即

$$P\left\{\sum_{i=1}^{200} X_i \leqslant n\right\} = P\left\{\frac{\sum_{i=1}^{200} X_i - 240}{\sqrt{72}} \leqslant \frac{n-240}{\sqrt{72}}\right\} \geqslant 0.95,$$

则

$$\Phi\left(\frac{n-240}{\sqrt{72}}\right) \geqslant 0.95.$$

经查标准正态分布表，应有 $\dfrac{n-240}{\sqrt{72}} \geqslant 1.65$，解得 $n \geqslant 254$，即至少需要 254 个车位，才能使每辆汽车都有一个车位的概率至少为 0.95.

9. 甲、乙两个戏院在竞争 1 000 名观众，假设每个观众可随意选择戏院，观众之间相互独立，问每个戏院应该设有多少座位才能保证因缺少座位而使观

众离去的概率小于 1%.

解 假设 $X_i = \begin{cases} 1, & \text{第 } i \text{ 名观众选择甲戏院,} \\ 0, & \text{第 } i \text{ 名观众选择乙戏院,} \end{cases}$ $i = 1, 2, \cdots, 1000$,

则 $X = \sum\limits_{i=1}^{1000} X_i$ 表示 1 000 名观众中选择甲戏院的人数,根据题意

$$P\{X_i = 1\} = P\{X_i = 0\} = 0.5,$$

于是 $$X \sim B(1000, 0.5).$$

根据德莫弗—拉普拉斯定理,X 近似服从 $N(500, 250)$.

假设甲戏院应设 n 个座位才能保证因缺少座位而使观众离去的概率小于 1%,即

$$P\left\{\sum_{i=1}^{1000} X_i > n\right\} = P\left\{\frac{\sum\limits_{i=1}^{1000} X_i - 500}{\sqrt{250}} > \frac{n - 500}{\sqrt{250}}\right\} \approx 1 - \Phi\left(\frac{n-500}{\sqrt{250}}\right) < 0.01,$$

推得 $$\Phi\left(\frac{n-500}{\sqrt{250}}\right) > 0.99.$$

经查标准正态分布表,应有 $\dfrac{n-500}{\sqrt{250}} \geqslant 2.33$,解得 $n \geqslant 536.84$. 根据观众选择戏院的随意性,每个戏院应该设 537 个座位才能保证因缺少座位而使观众离去的概率小于 1%.

六、自测题

1. 填空题(每小题 4 分,共 20 分)

(1) 反复投一颗匀质骰子,令 $X_n (n=1, 2, \cdots)$ 表示第 n 次投得的点数,则当 $n \to +\infty$ 时,$\dfrac{1}{n}\sum\limits_{i=1}^{n} X_i$ 依概率收敛于_____.

(2) 设随机变量序列 $X_1, X_2, \cdots, X_n, \cdots$ 相互独立,且都服从参数为 2 的指数分布,则当 $n \to +\infty$ 时,$\dfrac{1}{n}\sum\limits_{i=1}^{n} X_i^2$ 依概率收敛于_____.

(3) 设随机变量 $X_1, X_2, \cdots, X_n, \cdots$ 相互独立,且都服从参数为 1 的指数分布,则 $\lim\limits_{n \to +\infty} P\left\{\dfrac{\sum\limits_{i=1}^{n} X_i^2 - 2n}{2\sqrt{5n}} \leqslant 0\right\} =$_____.

(4) 设随机变量 $X_1, X_2, \cdots, X_{64}$ 相互独立,服从同一个参数为 $\lambda = 1$ 的

泊松分布，则 $P\left\{\sum\limits_{i=1}^{64} X_i \leqslant 72\right\} \approx$ _____ .（用标准正态分布的分布函数 $\Phi(x)$ 表示）

（5）一个系统由若干个相互独立工作的部件组成，假设每个部件正常工作的概率为 0.90，且必须至少有 80% 的部件正常工作时才能保障整个系统正常工作，那么能保障整个系统正常工作的概率不低于 95% 所需部件数的下限是 _____ .（已知 $\Phi(1.645)=0.95$）

2. 选择题（每小题 4 分，共 20 分）

（1）设随机变量 X_1，X_2，$\cdots$，X_n 相互独立，根据林德伯格—列维定理，只要 X_1，X_2，$\cdots$，X_n 满足下列哪个条件，当 n 充分大时，$\sum\limits_{i=1}^{n} X_i$ 近似服从正态分布 .（　　）

　　(A) 有相同的数学期望；　　　　(B) 服从同一指数分布；
　　(C) 有相同的方差；　　　　　　(D) 服从同一离散型分布 .

（2）设随机变量 X_1，X_2，$\cdots$，X_n 相互独立，且服从同一分布，则根据林德伯格—列维定理，在下列哪个条件下，当 n 充分大时，$\sum\limits_{i=1}^{n} X_i$ 近似服从 $N(n, n)$.（　　）

　　(A) X_1，X_2，$\cdots$，X_n 都服从指数分布 $E(1)$；
　　(B) X_1，X_2，$\cdots$，X_n 都服从泊松分布 $P(2)$；
　　(C) X_1，X_2，$\cdots$，X_n 都服从二项分布 $B(100, 0.5)$；
　　(D) X_1，X_2，$\cdots$，X_n 都服从均匀分布 $U(0, 1)$.

（3）设随机变量 X_1，X_2，$\cdots$，X_n 相互独立，且都服从指数分布 $E(1)$，则根据林德伯格—列维定理，$P\left\{\sum\limits_{i=1}^{n} X_i > n\right\} \approx$（　　）.

　　(A) 1；　　(B) 0.5；　　(C) $1-\Phi(n)$；　　(D) $1-\Phi(1)$.

（4）假设每次试验中，事件 A 发生的概率均为 1%，那么在 100 次试验中，事件 A 至少发生一次的概率约为（　　）.

　　(A) 0.01；　　(B) $1-\Phi(1)$；　　(C) 0.5；　　　　(D) 1 .

（5）从一批良种率为 90% 的种子中任取 100 颗播种，假设良种的出苗率为 90%，非良种的出苗率为 10%，则播种的 100 颗种子的出苗率在 90% 以上的概率约为（　　）.

　　(A) 0.81；　　　　　　　　　(B) 0.9；
　　(C) 0.82；　　　　　　　　　(D) $1-\Phi\left(\dfrac{8}{\sqrt{82\times 0.18}}\right)$.

3. 计算题((1)~(4)题各 10 分，第(5)题 20 分，共 60 分)

(1) 某计算机系统有 120 个终端，每个终端有 5% 的时间在使用，若各个终端使用与否是相互独立的，求有 10 个或更多个终端在使用的概率.

(2) 一家保险公司承接中国民航的航空意外伤害保险业务，据调查，近年来中国民航的空难发生率平均为十万分之一. 假设一年中保险公司售出此种保险单 10 万张，若发生空难，保险公司需给每张保单理赔 40 万元，问每张保单售价定为多少时，就可保障保险公司赢利的概率不低于 99%？

(3) 某公司在中央电视台做了一则广告，为了了解民众对此广告有印象的人所占的比例 p，公司计划在全国范围内随机调查 n 个人，欲使对 p 的估计误差不超过 2% 的概率不低于 90%，问 n 至少应取多大？

(4) 甲乙两个汽车站每天各有一班交通车同时由 A 城开往 B 城，假设出发时刻有 100 名乘客等可能地选乘其中一个车站的班车，为保证 95% 以上的乘客有座位，问每车应设多少个座位？

(5) 设有一批电子器件，它们的使用寿命 $T_i(i=1, 2, \cdots, n)$(单位：h)均服从参数为 $\lambda=0.1$ 的指数分布. 假设某部门使用这批电子器件，且使用情况是每次只使用一个，第一个损坏立即使用第二个，第二个损坏立即使用第三个，依此类推.①令 T 为 30 个器件使用的总时间，求 T 超过 350h 的概率；②若这些电子器件每件售价为 50 元，那么一年中至少需预备多少经费购买这样的电子器件，才能有 95% 的概率保证够用(假设一年有 260 个工作日，每日工作 8h).

七、自测题参考答案

1. 填空题

(1) $\dfrac{7}{2}$；(2) $\dfrac{1}{2}$；(3) $\dfrac{1}{2}$；(4) $\varPhi(1)$；(5) 25.

解 (1) 依切比雪夫大数定律：$\dfrac{1}{n}\sum\limits_{i=1}^{n} X_i$ 依概率收敛于 $\dfrac{1}{n}\sum\limits_{i=1}^{n} E(X_i)$，而

$$\frac{1}{n}\sum_{i=1}^{n} E(X_i) = E(X_i) = \frac{1}{6}(1+2+3+4+5+6) = \frac{7}{2}.$$

(2) 依切比雪夫大数定律：$\dfrac{1}{n}\sum\limits_{i=1}^{n} X_i^2$ 依概率收敛于 $\dfrac{1}{n}\sum\limits_{i=1}^{n} E(X_i^2)$，而

$$\frac{1}{n}\sum_{i=1}^{n} E(X_i^2) = E(X_i^2) = D(X_i) + (E(X_i))^2 = \frac{1}{4} + \left(\frac{1}{2}\right)^2 = \frac{1}{2}.$$

(3) 由于 X_1，X_2，$\cdots$，X_n 相互独立，且同分布，故 X_1^2，X_2^2，$\cdots$，X_n^2

也相互独立，且同分布，且
$$E(X_i^2) = D(X_i) + (E(X_i))^2 = 1 + 1^2 = 2,$$
$$E(X_i^4) = \int_0^{+\infty} x^4 e^{-x} dx = (-x^4 - 4x^3 - 12x^2 - 24x - 24)e^{-x} \Big|_0^{+\infty} = 24,$$
故　　　　　　　$D(X_i^2) = E(X_i^4) - (E(X_i^2))^2 = 24 - 2^2 = 20,$

由独立同分布中心极限定理知：$\dfrac{\sum\limits_{i=1}^n X_i^2 - 2n}{\sqrt{20n}}$ 近似服从 $N(0, 1)$，故

$$\lim_{x \to +\infty} P\left\{ \frac{\sum\limits_{i=1}^n X_i^2 - 2n}{2\sqrt{5n}} \leqslant 0 \right\} = \Phi(0) = \frac{1}{2}.$$

（4）由题设可知：$E(X_i) = D(X_i) = 1$，由独立同分布中心极限定理，
$\sum\limits_{i=1}^{64} X_i$ 近似服从正态分布 $N(64, 64)$，故

$$P\left\{ \sum_{i=1}^{64} X_i \leqslant 72 \right\} \approx \Phi\left(\frac{72 - 64}{\sqrt{64}} \right) = \Phi(1).$$

（5）设所需部件数为 n，则由题设有：正常工作的部件数 $X \sim B(n, 0.9)$，
应满足 $P\{X \geqslant 0.8n\} \geqslant 0.95$，而

$$P\{X \geqslant 0.8n\} = 1 - P\{X < 0.8n\} \approx 1 - \Phi\left(\frac{0.8n - 0.9n}{\sqrt{0.09n}} \right) = \Phi\left(\frac{\sqrt{n}}{3} \right),$$

故应有 $\dfrac{\sqrt{n}}{3} \geqslant 1.645$，解得 $n \geqslant 24.35$，故至少应取 25 个部件.

2. 选择题

（1）B；（2）A；（3）B；（4）C；（5）D.

解　（1）根据林德伯格—列维定理的条件，$E(X_i)$ 与 $D(X_i)$ 必须都存在，
只有选项 B 满足，故选 B.

（2）根据林德伯格—列维定理：若 $E(X_i) = \mu$，$D(X_i) = \sigma^2$，则 $\sum\limits_{i=1}^n X_i$ 近
似服从 $N(n\mu, n\sigma^2)$，故应有 $\mu = 1$，$\sigma^2 = 1$，只有选项 A 符合，故选 A.

（3）根据题设：$\sum\limits_{i=1}^n X_i$ 近似服从 $N(n, n)$，故

$$P\left\{ \sum_{i=1}^n X_i > n \right\} = 1 - P\left\{ \sum_{i=1}^n X_i \leqslant n \right\} \approx 1 - \Phi(0) = 0.5.$$

（4）依题意：事件 A 发生的次数 $X \sim B(100, 0.01)$，A 至少发生一次的
概率为

$$P\{X\geqslant 1\}=1-P\{X<1\}\approx 1-\varPhi\left(\frac{1-100\times 0.01}{\sqrt{0.99}}\right)=1-\varPhi(0)=0.5.$$

(5) 设 A 表示"选出的种子是良种"，B 表示"播种的种子能出苗"，则由题设可知：从此批种子中任取一颗播种，其出苗的概率为

$$p=P(A)P(B|A)+P(\bar{A})P(B|\bar{A})=0.9\times 0.9+(1-0.9)\times 0.1=0.82,$$

故任取 100 颗种子播种，其中出苗的种子数 $X\sim B(100,0.82)$，所以所求概率为

$$P\left\{\frac{X}{100}\geqslant 0.9\right\}=P\{X\geqslant 90\}=1-P\{X<90\}\approx 1-\varPhi\left(\frac{8}{\sqrt{82\times 0.18}}\right).$$

3. 计算题

(1) **解** 设 120 个终端中在使用的个数为 X，则 $X\sim B(120,0.05)$，根据德莫弗—拉普拉斯定理，X 近似服从 $N(6,5.7)$，故所求概率为

$$P\{X\geqslant 10\}=1-P\{X<10\}\approx 1-\varPhi\left(\frac{10-6}{\sqrt{5.7}}\right)\approx 1-\varPhi(1.68)\approx 0.0465.$$

(2) **解** 由题设可知：一年中，保险公司需要理赔的保单数 $X\sim B(10^5,10^{-5})$. 假设每张保单的售价为 a 元，则应有

$$P\{10^5 a>4\times 10^5 X\}\geqslant 0.99,\ \text{即}\ P\{X<0.25a\}\geqslant 0.99,$$

根据德莫弗—拉普拉斯定理，X 近似服从 $N(1,0.99999)$，所以

$$P\{X<0.25a\}\approx \varPhi\left(\frac{0.25a-1}{\sqrt{0.99999}}\right),$$

故应有 $\varPhi\left(\dfrac{0.25a-1}{\sqrt{0.99999}}\right)\geqslant 0.99.$

经查标准正态分布表，需 $\dfrac{0.25a-1}{\sqrt{0.99999}}\geqslant 2.33$，解得 $a\geqslant 13.32$，故每张保单的售价为 13.32 元，就可保障保险公司赢利的概率不低于 99%.

(3) **解** 由题设可知，n 个人中对此广告有印象的人数 $X\sim B(n,p)$，欲使

$$P\left\{\left|\frac{X}{n}-p\right|\leqslant 0.02\right\}\geqslant 0.9,$$

即

$$P\{np-0.02n\leqslant X\leqslant np+0.02n\}\geqslant 0.9,$$

根据德莫弗—拉普拉斯定理，X 近似服从 $N(np,np(1-p))$，故

$$P\{np-0.02n\leqslant X\leqslant np+0.02n\}\approx 2\varPhi\left(\frac{0.02n}{\sqrt{np(1-p)}}\right)-1,$$

从而只需 $2\varPhi\left(\dfrac{0.02n}{\sqrt{np(1-p)}}\right)-1\geqslant 0.9$，即 $\varPhi\left(\dfrac{0.02n}{\sqrt{np(1-p)}}\right)\geqslant 0.95.$

经查标准正态分布表，需 $\dfrac{0.02n}{\sqrt{np(1-p)}} \geqslant 1.645$，而 $\forall p \in (0,\ 1)$，$p(1-p) \leqslant$ $\dfrac{1}{4}$，故只需 $0.02\sqrt{n} \geqslant 1.645\sqrt{p(1-p)} \geqslant 0.8225$，解得 $n \geqslant 1691.3$，即至少要随机调查 1 692 个人，才能使对 p 的估计误差不超过 2% 的概率不低于 90%.

（4）**解**　依题意：100 名乘客中选择乘坐甲车站交通车的人数 X 或选乘乙车站交通车的人数 Y 都服从二项分布 $B(100,\ 0.5)$，假设每车应设 n 个座位，则应满足 $P\{X \leqslant n\} \geqslant 0.95$，根据德莫弗—拉普拉斯定理，$X$ 近似服从 $N(50,\ 25)$，故 $P\{X \leqslant n\} \approx \Phi\left(\dfrac{n-50}{\sqrt{25}}\right)$，只需 $\Phi\left(\dfrac{n-50}{\sqrt{25}}\right) \geqslant 0.95$.

经查标准正态分布表，应有 $\dfrac{n-50}{\sqrt{25}} \geqslant 1.645$，解得 $n \geqslant 58.225$，所以，每车至少应设 59 个座位，才能保证 95% 以上的乘客有座位.

（5）**解**　依题意：每个电子元件的使用寿命 $T_i \sim E(0.1)$，$i = 1,\ 2,\ \cdots,\ n$，则
$$E(T_i) = 10,\quad D(T_i) = 100,$$
根据独立同分布中心极限定理，$\displaystyle\sum_{i=1}^{n} T_i$ 近似服从 $N(10n,\ 100n)$.

① 当 $n = 30$ 时，所求概率为
$$P\{T > 350\} = 1 - P\{T \leqslant 350\} \approx 1 - \Phi\left(\dfrac{350-300}{\sqrt{100 \times 30}}\right) \approx 1 - \Phi(0.91) \approx 0.1814.$$

② 假设一年需购买 n 个电子器件，则依题意应有 $P\left\{\displaystyle\sum_{i=1}^{n} T_i > 260 \times 8\right\} \geqslant 0.95$，而
$$P\left\{\sum_{i=1}^{n} T_i > 260 \times 8\right\} = 1 - P\left\{\sum_{i=1}^{n} T_i \leqslant 2080\right\}$$
$$\approx 1 - \Phi\left(\dfrac{2080-10n}{\sqrt{100n}}\right) = \Phi\left(\dfrac{n-208}{\sqrt{n}}\right),$$
故只需 $\Phi\left(\dfrac{n-208}{\sqrt{n}}\right) \geqslant 0.95$.

经查标准正态分布表，只要 $\dfrac{n-208}{\sqrt{n}} \geqslant 1.645$，解得 $n \geqslant 233.12$，故一年至少应买 234 个电子器件，需经费 $234 \times 50 = 11700$（元）.

参 考 文 献

陈希儒. 2009. 概率论与数理统计. 安徽：中国科学技术大学出版社.

关颖男. 2000. 概率论与数理统计题库精编. 沈阳：东北大学出版社.

刘金山. 2011. 概率论. 北京：中国农业出版社.

上海理工大学工程数学教研室. 2010. 概率论与数理统计学习指导. 北京：科学出版社.

盛骤，谢式千，潘承毅. 2001. 概率论与数理统计. 北京：高等教育出版社.

同济大学概率统计教研组. 2010. 概率统计复习与习题全解. 第4版. 上海：同济大学出版社.

王丽燕，柳杨. 2003. 概率论与数理统计习题全解. 大连：大连理工大学出版社.

王松桂，张忠占，程维虎，高旅端. 2004. 概率论与数理统计. 北京：科学出版社.

吴坚，张录达，张长勤. 2010. 概率论与数理统计学习指导. 北京：中国农业大学出版社.

西北工业大学概率论与数理统计编写组. 2002. 概率论与数理统计同步学习辅导. 西安：西北工业大学出版社.

张国权. 2005. 应用概率统计. 北京：科学出版社.

张海燕，孙国红. 2010. 概率论与数理统计学习指导. 天津：南开大学出版社.

章昕，邹本腾，漆毅，王奕清. 2003. 概率统计双博士课堂. 北京：机械工业出版社.

赵选民，师义民. 2001. 概率论与数理统计典型题分析解集. 西安：西北工业大学出版社.

周永春，田波平. 2003. 概率论与数理统计同步辅导. 哈尔滨：哈尔滨工业大学出版社.

图书在版编目（CIP）数据

概率论学习指导 / 刘金山，赵立新主编 . —北京：
中国农业出版社，2014.6（2024.7重印）
全国高等农林院校"十二五"规划教材
ISBN 978-7-109-19048-1

Ⅰ.①概… Ⅱ.①刘… ②赵… Ⅲ.①概率论-高等
学校-教学参考资料 Ⅳ.①O211

中国版本图书馆 CIP 数据核字（2014）第 064656 号

中国农业出版社出版
（北京市朝阳区麦子店街 18 号楼）
（邮政编码 100125）
责任编辑 朱 雷 魏明龙
文字编辑 魏明龙

北京印刷集团有限责任公司印刷 新华书店北京发行所发行
2014 年 7 月第 1 版 2024 年 7 月北京第 5 次印刷

开本：720mm×960mm 1/16 印张：8.25
字数：140 千字
定价：15.00 元
（凡本版图书出现印刷、装订错误，请向出版社发行部调换）